COURS
D'AGRICULTURE PRATIQUE

PROFESSÉ

Par M. GAUCHERON,

Membre de la Société d'Agriculture, Sciences, Lettres et Arts d'Orléans,
Professeur de Chimie agricole du Comice d'Orléans ;

PUBLIÉ

Sous les auspices du Conseil général du
département du Loiret et du Comice
de l'arrondissement d'Orléans ;

ET RÉDIGÉ PAR

M. A. COTELLE,

Secrétaire du Cours de Chimie agricole & du Cours d'Agriculture.

TOME Ier.

Prix : 1 fr. 25 cent.

PARIS, | ORLÉANS,

COTELLE et Cie, éditeurs, | chez tous les Libraires.
rue J.-J. Rousseau, 3.

MDCCCLXII.

COURS

D'AGRICULTURE PRATIQUE

PROFESSÉ

Par M. GAUCHERON,

Membre de la Société d'Agriculture, Sciences, Lettres et Arts d'Orléans,
Professeur de Chimie agricole du Comice d'Orléans ;

PUBLIÉ

Sous les auspices du Conseil général du
département du Loiret et du Comice
de l'arrondissement d'Orléans :

ET RÉDIGÉ PAR

M. A. COTELLE,

Secrétaire du Cours de Chimie agricole & du Cours d'Agriculture.

~~~

TOME Ier.

~~~

ORLÉANS,

IMPRIMERIE D'ÉMILE PUGET ET Cie, RUE DE LA VIEILLE-POTERIE, 9

—

1862.

C.

COURS

D'AGRICULTURE PRATIQUE.

CHAPITRE PREMIER.

Du Sol arable, de sa composition et de sa fertilité.

Une des études les plus intéressantes que l'on puisse entreprendre, est sans contredit celle de l'agriculture. Aujourd'hui surtout que la science est venue apporter son concours à la pratique, rien ne se fait plus au hasard et suivant une routine plus ou moins heureuse.

Le succès en agriculture dépend toujours, il est vrai, des influences atmosphériques et des variations de la température; mais ceci est le secret du

Créateur, que l'homme doit accepter avec soumission, sans pouvoir le pénétrer. La seule prétention raisonnable du cultivateur doit être de bien connaître la constitution physique et la composition chimique du sol qu'il est destiné à rendre productif. Aussi doit-il s'attacher à considérer l'agriculture comme un art raisonné qui participe à la fois de la science et de la pratique. Imbu de cette vérité, le cultivateur ne pourra que progresser sans cesse dans sa rude carrière et augmenter constamment les conquêtes de l'homme sur la nature.

Entrons donc résolument dans cette attrayante étude dont nous verrons cette année les principales théories.

Nous pourrons d'abord définir ainsi l'agriculture : Industrie qui a pour objet l'exploitation du sol et la production de substances utiles à l'homme et aux animaux. S'il est vrai que l'agriculture est une industrie, elle doit avoir avec les exploitations industrielles que nous voyons tous les jours, certains rapports, certains points de comparaison que nous allons tâcher d'établir. Toute industrie exige d'abord une matière première ; une machine qui, exécutant sur cette matière première certains travaux, la modifie, la transforme en de nouveaux corps qu'on appelle produits. L'industrie exige encore deux choses, une force quelconque — la vapeur, l'eau, le vent — et un levier non moins important, le capital. Dans l'agriculture, considérée comme in-

dustrie, la matière première, c'est la semence que le
cultivateur confie au sol, qui est la machine chargée
de créer les produits qu'on appelle récoltes. C'est en
effet au sein du sol que la semence rencontrant tous
les éléments nécessaires pour parcourir toutes les
phases de sa vie, arrive à son entier développement
et forme alors les récoltes ou produits de l'industrie
agricole. La force qu'emploie l'agriculture est représentée par les instruments agricoles et par les
travaux réunis de l'homme et des animaux; et le capital non moins nécessaire en agriculture que dans
toute opération industrielle doit être proportionné
à l'étendue du sol à exploiter. L'agriculture aujour-
d'hui n'est donc plus, comme on serait tenté de le
croire, un art grossier, simple et facile que chacun
peut pratiquer avec succès sans instruction première et au hasard.

Si de nos jours on voit encore quelques cultivateurs ignorants faire de bonnes affaires, cela tient à
ce que le sol qu'ils exploitent est une mine inépuisa-
ble de fécondité, mais qui tôt ou tard doit s'épuiser.
Cela peut tenir encore à ce que leurs bénéfices proviennent des accessoires obligés de toute exploitation
agricole, je veux parler de l'élève et de l'entretien du
bétail dont les produits sont, comme nous le savons,
une source de richesses pour l'agriculture. L'observation seule, cette faculté naturelle à l'homme,
ne suffit pas toujours pour tirer du sol tous les produits qu'on pourrait en obtenir. C'est alors que les

1.

sciences positives deviennent le meilleur guide de l'agriculture : car de même que l'industrie actuelle si florissante dans certaines parties du monde n'a fait de progrès rapides que du jour où les sciences ont été appelées à l'éclairer, de même aussi l'agriculture n'a cessé d'être un art manuel que du jour où quelques cultivateurs intelligents ont bien voulu sortir de la routine et abandonner leurs pratiques hasardées pour se laisser guider par la voix de la science.

Prenons quelques exemples, qui nous convaincront que l'observation toute seule, de l'homme des champs, ne suffit pas toujours pour expliquer les causes de l'infécondité du sol. La pratique agricole constatait la première que certains sols ne pouvaient fournir de récoltes de froment et que ni les travaux du sol, tels que labours et autres, ni les fumures convenables ne donnaient de résultats productifs. Cependant il y avait une cause et il appartenait à la chimie de la trouver. L'analyse du sol y révéla l'absence du calcaire, élément indispensable à la formation des graines du froment. Si l'absence du calcaire était bien la seule cause de l'infécondité de ces sols, l'addition seule de cet élément devait produire les meilleurs résultats. La pratique vint confirmer les faits avancés par la théorie et l'emploi du calcaire en agriculture fit une véritable révolution, en fournissant au cultivateur, par le marnage et le chaulage, les moyens d'avoir des récoltes là où il n'en pouvait obtenir, de doubler et tripler même ses récoltes là où il n'en obtenait que de chétives.

Voici un autre exemple frappant de la puissance de la science en agriculture. La Sologne couverte jadis de bruyères, qui se transforment annuellement et comme par enchantement en riches moissons, ne doit-elle pas ce progrès à l'emploi judicieux des éléments phosphatés, fournis par le noir animal ou les phosphates fossiles ? N'est-ce pas encore la science qui, constatant l'absence des éléments phosphatés dans les sols identiques à la Sologne, a indiqué aux cultivateurs l'emploi d'engrais phosphatés, c'est-à-dire d'engrais contenant de l'acide phosphorique, élément sans lequel une seule graine de céréales ne saurait se former ?

Puisque les sciences doivent jouer un rôle aussi grand dans l'agriculture, il est important d'indiquer celles qui peuvent être appelées journellement à lui rendre service :

1° La Botanique nous fait connaître les plantes, leurs conditions d'existence, leurs habitudes, et peut guider le cultivateur dans le choix des espèces qu'il doit cultiver de préférence sur tel ou tel sol.

2° La Zoologie nous apprend quelles sont les diverses espèces d'animaux, les soins que le cultivateur doit leur donner, et nous fait distinguer les produits qu'on peut en tirer.

3° La Mécanique familiarise le cultivateur avec les machines, les outils de toutes sortes propres à faciliter le travail de l'homme, le rendre plus complet, plus prompt et plus économique.

4° La Physique lui explique l'influence des agents physiques sur la nature vivante, lui rend compte des principes sur lesquels sont basées certaines opérations agricoles améliorantes, telles que les irrigations, le drainage, etc.

5° La Chimie lui fait connaître la composition du sol, les moyens de l'améliorer, la valeur comparative des divers produits végétaux et aussi la richesse des engrais dont il a journellement besoin pour réparer les pertes forcées que subit le sol par l'enlèvement annuel des récoltes.

Telles sont les sciences qui sont appelées à éclairer constamment le cultivateur dans ses travaux quotidiens. Il ne m'appartient pas de les étudier présentement et je me hâte de rentrer ici dans le cadre qui m'est tracé, c'est-à-dire l'étude de l'agriculture pratique au point de vue de la science, et j'aborde immédiatement l'étude du sol.

Du sol.

On désigne sous le nom de *sol* la partie superficielle de la terre propre à la culture des plantes ; c'est en effet dans la partie supérieure de la terre que nous voyons s'accomplir tous les jours les phénomènes de la végétation chez les plantes usuelles. Puisque nous venons de dire, pour la forme, que le sol est la machine sur laquelle s'étend le travail journalier du cultivateur, nous devons tout d'abord l'étudier en y portant toute notre attention.

Il n'est pas besoin d'être savant pour reconnaître à simple vue que le sol est formé par un assemblage de matières minérales, dans un état de pulvérisation plus ou moins complète, formant une couche dont l'épaisseur est très-variable. Tout nous porte à croire aussi que le sol n'a pas toujours été ce qu'il est aujourd'hui, aussi mobile et aussi facile à travailler. Nous avons à nous demander d'abord quelles sont ces matières minérales, puis à rechercher ensuite comment elles sont arrivées à l'état de pulvérisation où nous les voyons. Sans entrer ici dans des détails de Géologie qui nous conduiraient trop loin, je vais essayer d'établir les raisons que donne la science pour expliquer la formation du sol arable.

Les excavations naturelles, les percements ou sondages, que l'homme a eu l'idée d'entreprendre, l'ont conduit à découvrir au sein de la terre des masses minérales bien différentes par leur aspect et par leur composition, mais semblables à ces masses que nous trouvons sur nos plus hautes montagnes et sur le flanc des coteaux. Si l'on examine avec soin ces masses minérales que la science désigne sous le nom de *Roches*, on ne tarde pas à découvrir qu'elles n'ont dû se former ni de la même manière, ni à la même époque. En effet quelques-unes de ces

roches présentent une forme cristalline régulière et
elles ne sont jamais disposées par couches : elles
ont donc dû être formées par voie de fusion ignée ,
c'est-à-dire fondues par le feu. Aussi on les désigne
sous le nom de roches primitives ou ignées et à
ce type appartiennent les Granits, les Feldspaths,
les Porphyres. D'autres roches au contraire n'ont
pas de forme cristalline régulière, elles sont disposées par couches successives, elles ont dû être formées par voie de dissolution aqueuse ou fondues
par l'eau ; on les désigne sous le nom de roches
secondaires, de sédiment ou de transport. A ce
type appartiennent les Grès, les Argiles, les Calcaires et les Marnes. Comme on le voit, l'écorce de
la terre était formée en principe par des masses minérales bien différentes par leur aspect, leur composition et l'époque de leur formation ; mais nous
dirons plus, c'est que ce sont ces roches différentes
qui, désagrégées, pulvérisées, puis mélangées entre
elles dans des proportions très-variables, par des
causes soit physiques, soit mécaniques ou chimiques, forment ce que nous appelons le sol arable
et qui l'ont amené à l'état où nous le trouvons aujourd'hui.

C'est ce que peut justifier à nos yeux un champ de
labour de nos contrées ; car, en soumettant à un
examen attentif le sol labouré des landes si peu fertiles de la Sologne, nous y découvrirons un mélange
des roches minérales suivantes, siliceuses, argi-

leuses et granitiques, tandis que les champs si fertiles de la Beauce nous offrent un mélange de roches siliceuses, argileuses et calcaires.

Ce que je viens de dire est suffisant pour faire
comprendre que le sol arable est formé par un
mélange de roches diverses qui forment l'écorce du
globe. Mais nous avons à nous demander comment
elles sont arrivées à l'état de division dans lequel
nous les trouvons aujourd'hui.

Pour comprendre comment ces diverses espèces
minérales qui forment aujourd'hui le sol que le laboureur cultive, sont arrivées à l'état où nous les
voyons, il faut d'abord nous rappeler que notre globe
a été soumis à des influences physiques, mécaniques, chimiques, qui lui ont fait subir des révolu-
tions dont il porte l'empreinte.

Les influences physiques ou mécaniques, qui ont
agi, sont en première ligne les volcans qui de temps
en temps ont soulevé les roches ; ces masses soulevées ont dû perdre leur point d'appui, rouler dans
des bas-fonds, être entraînées par les eaux loin de
leur point de départ, et pendant leur trajet se pulvériser par frottement les unes contre les autres. En
outre, l'eau en pénétrant dans les fissures des roches a dû se congeler par le froid et en augmentant de volume a pu les réduire en fragments plus
ou moins volumineux, phénomène qui se passe encore sous nos yeux dans les pierres dites *Gelives*.

Les influences chimiques qui ont agi sont donc

d'abord les eaux qui, en dissolvant certains éléments de ces roches, ont dû les transporter loin de leur point de départ. L'acide carbonique de l'air a pu faciliter ensuite la dissolution de certains éléments de ces roches, enfin l'oxigène de l'air, en se combinant à certains métaux, en a changé l'état chimique.

La végétation a aussi contribué pour sa part, d'une manière puissante, à la formation de la couche arable ; dès que la partie supérieure d'une roche a été amenée à l'état pulvérulent, il s'est alors formé des mousses qui en se décomposant ont donné naissance à un peu de terreau, lequel à son tour a pu faciliter le développement de végétaux d'un ordre supérieur. Enfin l'homme a aussi apporté sa part de résultat en mélangeant les différentes couches du sol et en y apportant des substances organiques dans un état de décomposition plus ou moins avancée.

Nous pourrons nous faire une idée bien exacte des faits que j'avance ici en jetant un coup-d'œil attentif sur nos maisons, même les mieux construites ; nous verrons avec quelle rapidité elles se dégradent, elles se réduisent en poussière et transformeraient la place, sur laquelle elles reposent, en un sol de calcaire, si les vents et les pluies ne venaient à transporter au loin la poussière à laquelle elles donnent naissance. A la place de nos maisons qui peuvent nous représenter une roche calcaire, figurons-nous une autre roche soit argileuse, soit granitique ou autre : l'action lente et continuelle du temps aidé des agents atmosphériques, eau, oxigène, acide carbonique, pourra de la même manière la transformer en un sol argileux ou granitique.

Telle est l'idée exacte que nous devons nous faire de la formation du sol arable et des forces naturelles qui l'ont amené à l'état où nous le voyons aujourd'hui ; il est donc bien, comme je le disais en principe, un assemblage de matières minérales, dans un état de désagrégation plus ou moins avancée et qui se continue tous les jours. Maintenant que nous connaissons la formation du sol arable, il n'est pas sans intérêt de constater sa composition, c'est-à-dire la réunion de tous les corps que l'analyse a pu nous y faire trouver jusqu'à présent.

Dans la couche arable dont la profondeur varie, on a constaté jusqu'à ce jour la présence des corps suivants, mais dans des proportions très-variables :

1° Argile, — formée de silice, d'alumine et d'eau.

2° Sable, silice ou acide silicique, — formé d'oxigène et de silicium.

3° Carbonate de chaux, — formé d'acide carbonique et de chaux.

4° Magnésie ou carbonate de magnésie, — formé d'acide carbonique et de magnésie.

5° Carbonate de potasse, — formé d'acide carbonique et de potasse.

6° Carbonate de soude, — formé d'acide carbonique et de soude.

7° Phosphate de chaux, — formé d'acide phosphorique et de chaux.

2

8° Chlorure de sodium ou sel marin, — formé de chlore et de sodium.

9' Oxides de fer, — formés d'oxigène et de fer.

10° Sulfate de fer, — formé d'acide sulfurique et d'oxide de fer.

11° Oxide de manganèse,— formé d'oxigène et de manganèse.

12° Sulfate de chaux, plâtre, — formé d'acide sulfurique et de chaux.

13° Eau, — formée d'oxigène et d'hydrogène.

14° Air, — mélange d'oxigène et d'azote.

15° Ammoniaque,—formé d'hydrogène et d'azote.

16° Nitrates, — formés d'acide nitrique et d'une base.

17° Acide carbonique, — formé de carbone et d'oxigène.

18° De l'humus, — corps complexe formé d'oxigène, d'hydrogène, de carbone et d'azote.

Tels sont les corps que la science a trouvés jusqu'à cette époque dans le sol arable ; parmi eux, les uns jouent un rôle important, ils sont la condition nécessaire sans laquelle une récolte ne saurait naître ; d'autres au contraire n'ont qu'un rôle nul ou secondaire.

L'analyse comparative d'une récolte de blé va nous donner la preuve de cette assertion ; car cette opération nous fait trouver dans la paille et dans la graine du blé les corps suivants :

1° Une matière qui se détruit par la chaleur : on lui donne le nom de matière organique, elle est formée par de l'oxigène, de l'hydrogène, du carbone et de l'azote, et représente bien l'air, l'eau, l'acide carbonique, l'ammoniaque et l'humus que nous trouvons dans le sol.

2° Une matière minérale, incombustible ou cendres, qui est formée de :

Silice.	Soude, en quantité notable.
Phosphate de chaux.	Acide sulfurique.
Potasse, en q. considérable.	Oxide de fer.
Chaux.	Chlore en quantité bien ap-
Magnésie.	préciable.

Or toutes ces substances organiques ou minérales que nous retrouvons dans l'analyse de notre récolte de blé, nous les avons d'abord trouvées dans le sol ; et puisque sous l'influence de la vie végétale, elles entrent dans le domaine de l'organisation de nos récoltes, nous sommes en droit de dire qu'elles sont nécessaires et qu'elles y jouent un rôle important. Quoique dans l'état actuel de nos connaissances nous ne puissions pas dire d'une manière exacte le rôle qu'elles remplissent, la pratique est là qui nous apprend que si le sol ne les contient pas en quantité suffisante, il faudra de toute nécessité les lui fournir; car c'est à cette condition seulement que l'agriculteur pourra faire de l'industrie agricole lucrative, c'est-à-dire obtenir de bonnes récoltes en abondance et au meilleur marché possible.

Nous venons de jeter un coup d'œil sur l'agriculture, au point de vue industriel ; nous avons vu le sol, sa formation, sa composition, son étude scientifique, en un mot, il nous reste à étudier le sol au point de vue de la pratique agricole.

CHAPITRE II.

Constitution physique du Sol. — Argile. Sable. — Calcaire.

Nous avons parcouru la nomenclature de tous les éléments dont la science avait pu jusqu'à ce jour constater la présence dans le sol. Il nous a été facile de voir combien en est variée et complexe la composition. La connaissance exacte de tous les éléments qui le constituent n'est certes pas sans importance pour la science; mais pour la pratique elle présente un intérêt moins grand, parce que, parmi ces corps, il en est quelques-uns dont l'action nous paraît nulle ou douteuse. Il en est quelques autres qui se trouvent généralement dans le sol en quantité suffisante et dont le cultivateur n'a guère à se préoccuper. Il n'a besoin que de connaître les corps dont le concours est indispensable au développement de ses récoltes.

Au point de vue pratique, tout sol, pour être propre à la culture des plantes usuelles, doit avant tout contenir les corps suivants, que nous désignerons sous le nom *de corps premiers*; ce sont :

1° Argile ou Glaise;

2° Sable ou Silice;

3° Calcaire, Carbonate de chaux ou Marnes.

En effet, l'expérience de tous les temps et de tous les jours prouve que ces trois corps forment *le milieu*, dans lequel les plantes, trouvant d'autre part les éléments propres à leur nutrition, se développeront le mieux. Pourtant ajoutons que, pris isolément, aucun de ces corps ne saurait former un sol propre à la culture. Leur mélange varié formant en quelque sorte l'habitation naturelle des plantes usuelles, semble contribuer puissamment, comme nous le verrons plus tard, à la fertilité du sol, mais ne la constitue pas.

L'exemple suivant va démontrer de la manière la plus frappante la vérité de cette assertion.

Les landes infertiles de la Sologne sont formées par le mélange minéral suivant :

Argile. — Sable.

Tandis que les terrains si fertiles de la Beauce sont représentés par les trois éléments suivants :

Argile. — Calcaire. — Sable.

2.

L'Argile, le Calcaire et le Sable sont donc bien les trois corps nécessaires à la constitution primitive du sol pour qu'il soit d'abord propre à la culture; mais pour développer ces brillantes récoltes qui font l'orgueil et la fortune du cultivateur, cela ne suffit pas ; il faut encore pour les obtenir le concours des corps suivants :

1° Des phosphates, composés contenant de l'acide phosphorique ;

2° Des sels alcalins (de potasse ou de soude);

3° De l'humus ou terreau fournissant de l'azote ;

4° De l'eau;

5° De l'air.

Ce sont ces derniers corps qui semblent concourir de la manière la plus efficace au développement de la végétation. Quelques autres y contribuent certainement aussi ; mais comme le sol les contient toujours en quantités suffisantes, nous ne nous en occuperons pas. Nous allons seulement, au point de vue pratique, étudier ceux que nous venons d'indiquer plus haut.

Argile ou Glaise.

Les Argiles sont solides, diversement colorées; elles sont formées de silice, d'alumine et d'eau. Elles proviennent dans le sol de la désagrégation des diverses roches argileuses à base de potasse et de soude. Elles sont donc, pour le sol, la source des alcalis qu'on y rencontre.

Au point de vue de la pratique agricole, les argiles font partie constituante de tous les sols fertiles; tous ceux qui n'en contiennent pas sont impropres à la culture des plantes usuelles; en revanche, les terres qui en contiennent beaucoup sont difficiles à travailler.

De là, la désignation de *terres fortes* qui leur a été donnée par les cultivateurs. Par leur compacité, les Argiles maintiennent les plantes au sol, servent de point d'appui à leurs racines et les empêchent de céder à la violence des vents. Les Argiles sont très-avides d'eau; elles en retiennent avec énergie jusqu'à 70 0/0 de leur poids. Cette propriété fait que, dans les années sèches, les plantes se trouvent bien dans un sol argileux. Il peut leur fournir en effet l'humidité si nécessaire à leur existence ; mais dans les années humides, les récoltes s'y comportent mal, parce que l'Argile, par sa plasticité, empêche l'eau de s'écouler. Les Argiles arrêtent la décomposition rapide des engrais, et comme cette décomposition a pour but de les amener à un état soluble, elles les empêchent ainsi de se perdre dans les profondeurs du sol.

Les Argiles ont aussi une propriété assez singulière, c'est de pouvoir condenser l'ammoniaque, composé azoté, nécessaire au développement des récoltes, qu'on trouve dans l'air et qui provient aussi de la décomposition des engrais.

Cette propriété, tout cultivateur pourra la constater par un moyen bien simple : il suffit d'arroser la terre argileuse d'une dissolution de potasse ou de soude caustique. L'ammoniaque maintenu par la terre argileuse se dégage et on en accuse la présence au moyen d'un papier de tourne-sol rougi ; les vapeurs ammoniacales qui se dégagent de la terre le ramènent au bleu.

Il résulte de ces propriétés de l'argile un point important que les cultivateurs expérimentés connaissent très-bien ; c'est que toute terre argileuse en bon état de culture contient une somme d'engrais qui représente un capital réel.

Si, au contraire, une pareille terre a été épuisée par des récoltes successives, les premières fumures, quoique bonnes, ne peuvent donner de résultats satisfaisants et restent presque sans effet. Tout cultivateur, avant d'entrer dans une ferme pour l'exploiter, doit se rendre compte de la nature de cette terre, et, si surtout elle est argileuse, s'inquiéter si elle n'a pas été surchargée de récoltes. Car, s'il en était ainsi, les travaux de ses premières années, malgré de bonnes fumures, resteraient improductifs jusqu'au jour où sa terre se trouverait saturée d'engrais.

Telles sont les propriétés principales de l'Argile et le rôle qu'elle remplit dans le sol pour la culture des plantes.

Voyons maintenant le Sable.

Sable ou Silice.

Ce corps, que nous connaissons tous, se trouve dans tous les sols propres à la culture. Il est solide, diversement coloré, en grains plus ou moins volumineux; ses propriétés sont les suivantes : insoluble dans l'eau, dans les acides ; mais soluble dans les alcalis *potasse* et *soude*.

Au point de vue pratique, il joue dans le sol un rôle inverse de l'Argile. Nous venons de voir que l'Argile rend le sol compacte et difficile à travailler; le Sable, au contraire, le rend mobile, facile à travailler. De là le nom *de terres légères* donné à celles qui le contiennent en proportion notable. Les grains de sable interposés dans l'argile de la couche arable permettent l'écoulement des eaux et l'aération du sol. Toutefois, comme il peut se trouver dans le sol sous différents états de grosseur, il en modifiera d'une manière diverse la constitution physique, en y maintenant des quantités d'humidité variables. Car tandis que le sable à gros grains retient 20 0/0 de son poids d'eau, le sable fin peut en retenir 30 0/0 de son poids.

Le cultivateur de nos contrées se préoccupe généralement peu de ce corps; pourtant, par ses propriétés physiques, il apporte déjà à la végétation un concours important en facilitant l'égouttement du sol et son aération.

Mais, en outre, à l'état de division infinie, en présence des alcalis, la silice peut devenir soluble et être assimilée par les plantes et former la base du squelette végétal ; c'est ainsi que dans les cendres des tiges de blé et des graminées, on trouve plus de 50 °/₀ de silice. Ceci nous conduit à supposer que lorsque les récoltes versent, c'est qu'elles se sont développées rapidement et qu'elles n'ont pas trouvé dans le sol, pendant leur développement, assez de silice soluble, pour donner à la paille la rigidité nécessaire à son maintien. Enfin, nous verrons plus loin que le sable peut, dans quelques cas, servir utilement à l'amélioration des sols argileux, en allégeant ces sols, en permettant à l'eau qu'ils retiennent avec avidité un écoulement plus facile.

Arrivons maintenant à l'étude du calcaire.

Calcaire, marne ou carbonate de chaux.

Sous ces noms, on désigne un composé formé d'acide carbonique et de chaux, qui est excessivement répandu dans la nature. Il forme à lui seul des montagnes tout entières ; la pierre à chaux, les pierres avec lesquelles sont construites nos habitations en sont presque entièrement formées. Mélangé avec de l'argile, il forme la marne. Dans son plus grand état de pureté, il est blanc ; mais le plus ordinairement il est diversement coloré, et il doit cette coloration à la présence de certains oxides métalliques. Ce composé présente les propriétés suivantes : il est insoluble dans l'eau ordinaire, mais soluble dans celle qui contient en dissolution de l'acide carbonique. Il est encore soluble dans les acides avec un bouillonnement qu'on désigne sous le nom d'*effervescence*.

Au point de vue de la pratique agricole, le calcaire a des propriétés différentes de l'argile et du sable. L'argile se caractérise par sa tenacité, le sable, au contraire, par sa mobilité, et, si nous comparons ces trois corps ensemble, on trouve que la tenacité de l'argile étant représentée par 100, la tenacité du sable est égale à 0 et la tenacité du calcaire égale à 5. Nous voyons donc tout de suite que, si dans un sol argileux nous introduisons du calcaire, nous rendrons ce sol plus mobile, et que si, au contraire, nous le fournissons à un sol siliceux, nous en augmenterons la tenacité.

Le calcaire retient facilement l'eau (85 % de son poids), or, en comparant cette propriété chez l'argile et chez le sable, nous verrons que le calcaire en retient 85 %, l'argile 70 %, et le sable en moyenne 25 %. Le calcaire, introduit dans un sol siliceux, pourra donc servir, d'une manière utile, à maintenir l'humidité, qui, comme nous le verrons, est si nécessaire au développement des récoltes. Outre ces propriétés inhérentes au calcaire, qui nous démontrent déjà l'utilité de ce corps dans les sols propres à la culture, il en est encore une autre plus importante ; c'est que sa présence est indispensable au développement des céréales et particulièrement du blé. Cela est si vrai qu'il n'est pas possible d'obtenir des récoltes de froment sur des terres exemptes de calcaire. L'addition seule de cet élément à la dose de 1 à 2 % dans la couche arable, a permis à l'agriculture d'obtenir des récoltes là où on ne pouvait pas en produire du tout, et de les augmenter là où l'on n'en produisait que de chétives. Le calcaire, en effet, est pour ces plantes un aliment nécessaire dont l'analyse constate la présence dans leurs cendres.

Enfin, la présence du calcaire dans le sol contribue puissamment à la décomposition des matières organiques, en saturant les acides qui proviennent de leur décomposition. Il les transforme en un terreau qu'on désigne sous le nom de *terreau doux*, le seul propre à la culture des plantes usuelles. Le rôle multiple et si important que remplit le calcaire dans le sol, nous démontre la nécessité pour le cultivateur de s'assurer si le sol qu'il cultive en contient. Rien du reste n'est plus simple ! Il suffit de prendre de la terre que l'on veut essayer, par exemple 10 gr., bien desséchés, de les traiter par du vinaigre fort ; si la terre contient du carbonate de chaux, il y aura effervescence, et si l'on veut en doser la proportion, on jette la portion de terre non attaquée, on la lave et on la fait sécher dans les mêmes conditions.

La perte de poids sur les 10 grammes qui auront servi indiquera à peu de chose près la quantité de calcaire contenue dans les 10 grammes essayés.

Il résulte de l'étude précédente que l'argile est un corps qui se laisse difficilement pénétrer par l'eau, et si la couche en est épaisse, l'eau reste stagnante à la surface ; que le sable, au contraire, la laisse filtrer avec facilité sans s'en laisser pénétrer, et que le corps, qui seul peut parer aux inconvénients des deux premiers, est le calcaire, qui, divisant le sol, absorbe cette eau, la maintient uniformément répandue dans la couche arable, et pourra même la céder à l'argile dans un moment de sécheresse.

Ces propriétés différentes que nous venons de trouver aux trois corps : *argile, calcaire* et *sable,* nous permettraient même, si la pratique ne l'avait pas sanctionné, d'établir ce que nous avons dit en commençant que l'argile, le sable et le calcaire forment la base de tout sol propre à la culture.

Mais nous pouvons encore aller plus loin ; car la fertilité du sol vue d'une manière générale semble augmenter au fur et à mesure que les proportions de ces trois corps viennent à s'égaliser : c'est-à-dire que le maximum de fertilité d'un sol existera lorsque sa composition première sera pour 100 parties de terre sèche, argile 33, calcaire 33, sable 33. Ces idées théoriques sont du reste justifiées par des expériences pratiques que nous devons à un agronome distingué, M. Drappier.

Expériences de M. Drappier.

M. Drappier, dans le but de se rendre compte de la manière dont ces éléments premiers réagissent sur nos récoltes, fit les expériences suivantes : Il prit des pièces de terre d'un demi-hectare d'étendue, après une année de jachère, en employant des quantités et des qualités égales de fumier, six voitures attelées de six chevaux.

Chaque demi-hectare fut partagé en trois parties égales.

La première partie fut ensemencée avec 25 kilog. de froment ;

La seconde partie fut ensemencée avec 25 kilog. de seigle ;

La troisième partie fut ensemencée avec 25 kilog. d'avoine.

PREMIÈRE TERRE.

Composition : sable, 60 ; argile, 25 ; calcaire, 15.

Récoltes.

Froment : graines, 54 kil.; — paille, 258 kil.;
Seigle : graines, 172 kil.; — paille, 1,342 kil.;
Avoine : graines, 57 kil.; — paille, 163 kil.;

SECONDE TERRE.

Composition : sable, 15 ; argile, 20 ; calcaire, 65.

Récoltes.

Froment : graines, 47 kil.; — paille, 27 kil.;
Seigle : graines, 104 kil.; — paille, 782 kil. ;
Avoine : graines, 53 kil.; — paille, 167 kil.

TROISIÈME TERRE.

Composition : sable, 52 ; argile, 10 ; calcaire, 38.

Récoltes.

Froment : graines, 52 kil.; — paille, 262 kil.;
Seigle : graines, 201 kil.; — paille, 1,420 kil.;
Avoine : graines, 57 kil.; — paille, 142 kil.

QUATRIÈME TERRE.

Composition : sable, 20 ; argile, 65 ; calcaire, 15.

Récoltes.

Froment : graines, 108 kil., — paille, 446 kil.;
Seigle : graines, 162 kil.; — paille 1,302 kil.;
Avoine : graines, 123 kil.; — paille, 380 kil.

CINQUIÈME TERRE.

Composition : sable, 45 ; argile, 35 ; calcaire, 30.

Récoltes.

Froment : graines, 290 kil.; — paille, 1,080 kil.;
Seigle : graines, 458 kil.; — paille, 1,280 kil.;
Avoine : graines, 246 kil.; — paille, 810 kil.

Ces expériences pratiques de grande culture con-
firment l'opinion que s'était faite M. Drappier, car
le cinquième tableau prouve bien que les récoltes
deviennent meilleures lorsque les éléments premiers
du sol : *argile*, *sable* et *calcaire*, arrivent à se trouver dans le sol presque à parties égales. M. Drappier, poursuivant ensuite ses expériences, voulut
savoir si une surabondance d'engrais ne pouvait
faire cesser les inconvénients d'une terre qui ne pos-
sédait pas les trois éléments, *argile, sable* et *calcaire*
dans des proportions à peu près égales. Il prit
pour champ d'essais une terre semblable à la seconde, qui est la plus désavantageuse; il doubla,
tripla même la dose d'engrais, c'est-à-dire que, divisant son demi-hectare en trois parties égales, il
répandit sur le premier tiers du demi-hectare deux
voitures de fumier, sur le second tiers quatre
voitures de fumier, et sur le dernier tiers six voitures. Ces expériences furent faites sur le froment
seulement et donnèrent les résultats suivants :

1° Avec deux voitures de fumier, 47 kil. graines,
27 kil. paille;

2° Avec quatre voitures de fumier, 132 kil. graines,
728 kil. paille ;

3° Avec six voitures de fumier, 240 kil. graines,
1,052 kil. paille.

Ces nouvelles tentatives, tout en prouvant l'influence qu'exercent les engrais sur la production

végétale, démontrent aussi que ces corps ne sauraient suppléer à l'influence qu'exerce sur les récoltes la presque égalité des éléments premiers du
sol ; puisque même avec une fumure triple la récolte n'a pas été aussi avantageuse que dans le cas
de la cinquième expérience où l'argile, le sable et
le calcaire se rapprochent le plus dans leurs proportions. Enfin, nous pouvons citer encore quelques
faits de pratique qui ne sont pas moins concluants
et qui appartiennent également à M. Drappier. Une
pièce de terre stérile ne trouvait pas d'acquéreur ; ce
praticien ayant reconnu qu'elle était formée d'argile
et de calcaire et qu'elle ne contenait pas de sable en
quantité suffisante, supposa qu'on pouvait la fertiliser par l'addition seule du sable et il en fit l'acquisition. Ensuite, il fit conduire sur cette terre cent
voitures de sable que trois labours donnés à vingt
jours de distance mélangèrent uniformément avec
le sol et les engrais accoutumés. Ce champ fut ensuite ensemencé en blé et produisit, au grand éton-
nement des cultivateurs voisins, une récolte magni-
fique. Un fermier, dont ce fait avait ébranlé l'incré-
dulité, montra à M. Drappier une terre presque
entièrement calcaire dont il ne pouvait tirer parti.
L'analyse chimique étant faite, M. Drappier con-
seilla au propriétaire d'amender avec de l'argile et
du sable. Le résultat justifia encore les prévisions du
savant agronome, car le terrain ainsi amendé de-
vint, même en employant une quantité d'engrais

3.

moindre que celle que l'on y employait antérieurement, l'un des plus productifs du canton.

Enfin, un autre cultivateur avait fondé de grandes espérances sur le défrichement d'un terrain marécageux. La première année la récolte fut passable ; mais, au bout de trois ou quatre ans, le terrain s'appauvrit et ne produisit plus rien. L'analyse constatant que ce terrain ne contenait ni argile ni calcaire, on l'amenda par ces deux éléments, et, depuis cette époque, on y sema alternativement des céréales, des fourrages et des racines, et toujours les récoltes furent abondantes.

Il ressort donc bien de tous ces faits pratiques :

1° Que pour qu'un terrain soit propre à la culture des plantes usuelles, il doit avant tout posséder les trois éléments : argile, sable, calcaire ;

2° Que les proportions les plus convenables paraissent être d'une manière générale des quantités égales de chacun de ces trois corps ;

3° Qu'un sol formé par l'un ou l'autre de ces éléments seuls ne saurait être fertile ;

4° Que lorsque l'analyse aura constaté dans le sol l'absence de l'un ou l'autre de ces corps, l'addition en sera le meilleur moyen de fertilisation, et apportera de l'économie dans l'emploi des engrais;

5° Que, néanmoins, un mélange seul d'argile, de calcaire et de sable, même dans les proportions les plus avantageuses, ne saurait pourtant former un sol fertile et que le développement des récoltes exige encore le concours de corps intéressants que nous examinerons dans les chapitres suivants.

CHAPITRE III.

Action des Phosphates. — Alcalis. — Humus ou Terreau. — Action de l'Humus.

Le dernier chapitre a été consacré à l'examen des éléments qui forment la base essentielle de tout sol propre à la culture. L'étude théorique des propriétés de ces corps, les faits pratiques que nous avons recueillis doivent convaincre le cultivateur que l'Argile, le Sable et le Calcaire forment l'habitation naturelle des plantes usuelles, et que leur mélange, en proportions diverses, semble d'une manière générale contribuer puissamment à la fertilité du sol. Mais ces trois corps seuls, à l'état de pureté, ne sauraient néanmoins suffire à la production agricole. Si le cultivateur veut surtout obtenir de beaux et bons grains, bien nourris, des pailles bien déve-

loppées pour faire du fumier; en un mot, s'il veut
obtenir de bonnes récoltes, la science lui apprend
que le sol doit contenir encore certains corps
aussi intéressants par leurs propriétés chimiques
que par le concours important qu'ils apportent au
développement de la végétation, et ces corps sont
les suivants :

Phosphates composés, contenant de l'acide phos-
phoriqne;

Alcalis et sels alcalins de potasse et de soude;

Humus composé complexe venant de la décomposition des matières organisées et pouvant fournir de
l'azote : enfin de l'Eau et de l'Air.

Au premier abord, le cultivateur ne comprend
guère la nécessité de la présence de quelques-uns
de ces corps dans le sol. Il sent très-bien, sans trop
s'en rendre compte, que l'air et l'eau sont indispen-
sables à tout ce qui vit et respire, que l'humus de
son champ est le produit de la décomposition du
fumier qui nourrit ses récoltes; mais les phosphates
et les alcalis sont des substances minérales qu'il ne
connaît pas et dont il ne voit pas l'utilité. Il faut
avouer que, il n'y a pas bien longtemps encore, on
ignorait la nécessité de ces substances minérales ;
mais les recherches de la science, en en constatant
la présence dans les cendres des récoltes, en examinant avec plus de soin la composition des sols fertiles, a pu établir d'une manière certaine la nécessité de ces corps, nécessité que justifient tous les

jours les heureux résultats obtenus en agriculture par l'emploi des engrais phosphatés et alcalins, c'est-à-dire des engrais contenant de l'acide phosphorique et de la potasse ou de la soude.

Aujourd'hui donc que la science et la pratique, parfaitement d'accord, nous en démontrent l'utilité, le cultivateur a intérêt à les connaître. Aussi nous allons chercher à l'initier à cette connaissance en commençant par l'étude des phosphates.

Phosphates.

Sous ce nom l'on désigne des composés contenant de l'acide phosphorique. Parmi ces composés, les uns sont solubles dans l'eau, tels que les *phosphates de potasse, de soude, d'ammoniaque et de magnésie*; d'autres sont insolubles, tels que le *phosphate de chaux des os*, le *phosphate de chaux des coprolithes*, le *phosphate de fer* et le *phosphate d'alumine*. Mais la plupart de ceux qui sont insolubles dans l'eau, peuvent le devenir d'abord par la présence d'un acide, puis aussi dans l'eau, qui tient en dissolution certains sels, comme *le sel marin* ou chlorure de sodium, les nitrates et les sels ammoniacaux.

Au point de vue pratique, le plus important de tous ces composés est le *phosphate de chaux des os*. C'est en effet le plus répandu de tous les composés

qui contiennent de l'acide phosphorique : aussi est-il
par cela même le moins cher et le plus souvent employé en agriculture toutes les fois qu'on veut fournir au sol de l'acide phosphorique. Le phosphate de
chaux fait partie de tous les sols fertiles et, absorbé
par les plantes, il entre d'abord dans le domaine de
nos récoltes, puis plus tard il devient partie constituante du système osseux des animaux. Bien que sa
présence soit indispensable à la fertilité du sol, on
ne l'y rencontre jamais qu'en petite quantité ; nous
ne pouvons donc admettre qu'il remplisse un rôle
analogue au sable et à l'argile. Mais comme nous
le trouvons faisant partie de toutes nos récoltes, que
des analyses répétées en constatent la présence en
plus grande quantité dans les graines que dans les
pailles, nous sommes forcés d'admettre qu'il joue
un rôle important dans la production végétale.
Puisque nous le trouvons en plus grande quantité
dans les graines, nous sommes en droit de dire qu'il
contribue puissamment à la formation des graines,
et les expériences des cultivateurs intelligents se
résument ainsi : Les engrais phosphatés font grainer
les céréales, l'azote favorise le développement des
pailles. — Eh bien ! puisque chaque année nos
récoltes enlèvent, par leurs graines, au sol, une
quantité notable de phosphate qui ne lui est pas
rendue, puisque les graines sont exportées de la
ferme, le cultivateur a un intérêt immense à maintenir au sol la quantité de phosphates qui lui est en-

levée annuellement par les récoltes, et cela sous peine de voir diminuer la fertilité du sol. L'expérience pratique a constaté, en effet, qu'au fur et à mesure que les phosphates disparaissent du sol, nous en voyons diminuer la fertilité, et lorsqu'il est épuisé de phosphates, il est frappé de stérilité. C'est, en effet, ce qui est arrivé dans certaines contrées, jadis remarquables par leur fécondité, et qui sont aujourd'hui stériles par épuisement des phosphates qu'elles contenaient (1).

Quant aux sols qui n'en contiennent pas, nous pouvons juger de leur stérilité par les landes de la Sologne, et, là aussi, nous pourrons encore nous convaincre de l'action heureuse que produisent, sur des sols qui ne contiennent pas d'acide phosphorique, l'addition d'engrais phosphatés, puisque, seuls, quelques hectolitres de noir animal ou de phosphate minéral, suffisent pour donner naissance à une récolte.

Tout ceci doit convaincre le cultivateur de la nécessité : 1° de conserver aux sols en culture une certaine quantité de phosphates; 2° d'en fournir aux sols qui n'en contiennent pas. Les moyens que peut employer le cultivateur pour remplir ce but consistent dans l'emploi des corps suivants, qui contiennent en quantité notable du phosphate de

(1) En Sicile et en Italie.

chaux, lequel fournit au sol l'acide phosphorique dont la végétation a tant besoin : Os. Poudre d'os. Os dégélatinisés. — Noir animal. — Nodules copro-lithiques des Ardennes. — Guanos d'origines diverses.

Alcalis et Sels alcalins.

On désigne sous le nom d'alcalis deux corps bien connus, qui sont la *potasse* et la *soude*; ces deux corps combinés aux acides forment ce que l'on appelle des sels alcalins.

Ces deux alcalis et leurs sels sont généralement solubles dans l'eau. La potasse et la soude qu'on trouve dans l'industrie sont extraites des cendres des végétaux qui nous servent de combustibles, ou qu'on brûle à cet effet, et ceci nous indique de suite qu'elles ont pris une part quelconque à la végétation des plantes. Mais il y a plus, c'est qu'on les trouve toujours et en quantités notables dans toutes les récoltes, où certainement elles remplissent un rôle utile. Les récoltes ne peuvent les prendre qu'au sol qui les contient et auquel elles ont été fournies par la désagrégation des roches feldspathiques et argileuses, dont les alcalis font partie constituante. Au point de vue pratique, nous trouvons donc les sels alcalins dans tous les sols fertiles; nous les trouvons aussi dans nos récoltes, et puisque l'air ne peut les apporter, nous sommes certains que ce sont bien les sols qui les fournissent aux végétaux

Voyons quel est le rôle qu'ils remplissent : ils sont
pour les plantes d'abord un aliment naturel ; ensuite
ils facilitent dans le sol la décomposition des matières organiques ; ils amènent en outre l'humus du
sol à un état de dissolution qui lui permettra de
servir utilement à la confection de nos récoltes.
Enfin, un homme dont le nom fait autorité dans la
science, M. Liébig, leur attribue un rôle très-important ; puisqu'il admet que l'argile, qui rend les sols
si fertiles, ne doit cette propriété qu'à la présence
des alcalis *potasse* et *soude* qu'elle contient toujours.

Puisque les alcalis jouent un rôle aussi important
et qu'ils sont nécessaires au progrès de la végétation, nous devons indiquer au praticien les moyens
de fournir ces corps au sol. Ce sera d'abord en
y apportant de l'argile, puisqu'elle en contient
toujours, ensuite les cendres, les charrées, les eaux
provenant du lessivage du linge, qui toutes contiennent des sels de potasse ou de soude en quantités
variables. Passons maintenant à l'examen d'un des
corps les plus intéressants pour la culture, je veux
parler de l'humus.

Humus ou Terreau.

Bien qu'il résulte d'expériences intéressantes,
faites par un savant éminent, M. Boussingaut, qu'au
moyen d'un sol artificiel fait avec du sable ou de la
brique pilée et des cendres contenant des phospha-

tes et des alcalis additionnés de nitrate de potasse ou de soude, qui fourniront de l'azote, une graine puisse acquérir son entier développement, nous comprendrons facilement qu'au point de vue de la culture en grand, la constitution d'un pareil sol est un fait impossible.

La pratique nous apprend en outre, que quoiqu'un sol contienne en quantités convenables les éléments primitifs : argile, sable et calcaire, que bien que l'analyse y accuse en quantités suffisantes les composés minéraux, phosphates et alcalis que nous venons d'examiner, ce sol néanmoins ne saurait donner des récoltes lucratives, s'il ne contient encore du terreau ou humus. Tout sol fertile contient donc de l'humus. Voyons d'abord quelle est la source de cet agent de fertilisation ? Son origine, tous les cultivateurs la comprendront très-bien ; car tous savent que les matières végétales comme les pailles et les feuilles, que les débris animaux quel qu'ils soient, lorsqu'ils sont abandonnés sur le sol en contact avec l'humidité, l'air et la chaleur, ne tardent pas à changer d'état et à se transformer. Ils arrivent avec le temps à un état de modification tel, qu'on ne trouve plus à l'œil de traces de leur origine première, et c'est alors qu'ils forment ce corps qu'on appelle *humus*. Cette conversion des matières organiques en humus est lente à s'effectuer ; mais plusieurs circonstances peuvent l'accélérer : ainsi, la chaleur, le libre contact de l'air et de l'humidité, la

présence des alcalis, la chaux sont autant de causes
qui favorisent la transformation des matières organiques en humus. D'autres circonstances en arrêtent, au contraire, le développement, telles que
l'absence de l'air, de l'humidité, des alcalis, de la
chaux ; la présence des acides retarde aussi la
transformation des matières organiques en humus.

Ceci nous permet d'expliquer de suite les faits
suivants bien connus dans la pratique. La transformation des matières ligneuses, des fumiers en
humus, est plus longue à se faire dans un sol argileux, quoique calcaire, que dans un sol sabloneux et
calcaire. Dans un sol argileux, les matières organiques rencontrent bien l'humidité nécessaire ; mais
comme le sol est très-compacte, l'air n'a plus un
accès aussi facile et la décomposition peut rester
stationnaire. Dans un sol sablonneux, au contraire,
si l'humidité est suffisante, la transformation des
matières organiques en *humus* se fait rapidement ;
la porosité du sol permettant facilement l'accès de
l'air. Mais par la même raison, comme l'humus est
un corps qui se décompose continuellement, on
voit de suite qu'avec des quantités égales de fumier,
les terres argileuses au bout d'un temps donné,
contiendront toujours beaucoup plus d'humus que
les sols sablonneux.

Voyons maintenant quel est ce corps. Dans son
plus grand état de pureté, tel que la science l'obtient, l'humus est un corps solide, brun noirâtre,

insipide, inodore et peu soluble dans l'eau ; à l'état
sec, il peut se conserver, mais en présence de l'humidité et de l'air, il se décompose et les produits de
cette décomposition sont de l'acide carbonique et
de l'ammoniaque. Cette décomposition est activée,
comme nous l'avons vu, par les alcalis et la chaux,
et retardée par les acides. Tel est l'humus à l'état
de pureté ; mais à l'état où nous devons le considérer dans le sol, tel qu'on l'obtient, en épuisant les
terres qui en contiennent, par l'eau, et faisant évaporer jusqu'à siccité, il a une composition plus complexe et est formé sur 100 parties de :

$$\left.\begin{array}{l} \text{Matières organiques... } 43 \\ \text{Matières minérales.... } 57 \end{array}\right\} \ 100.$$

Les matières organiques contiennent environ
2 % d'azote et les matières minérales contiennent
des sels alcalins et du phosphate de chaux.

Telles sont l'origine et la composition de l'humus ;
si maintenant nous venons à comparer les propriétés
physiques de ce corps, avec les éléments qui forment la base du sol, il va nous être possible d'en tirer
quelques connaissances utiles qui nous permettront
d'expliquer son action bienfaisante. La ténacité des
corps premiers, qui forment la base du sol, étant
représentée :

Pour l'argile, par........ 100
Pour le sable............ 0
Pour le calcaire......... 5
On a comme ténacité de l'humus... 8

On voit de suite que sa présence dans le sol doit rendre plus mobiles les sols argileux et plus compactes les sols sablonneux.

Si maintenant nous comparons la facilité avec laquelle chacun de ces corps retient l'eau, nous aurons les chiffres suivants :

100 kil. Argile retiennent   70 kil. d'eau.
Sable . . . . . .   25 kil.
Calcaire. . . . .   85 kil.
Humus . . . . .   190 kil.

Il résulte de ces chiffres que l'humus est de tous ces corps celui qui retiendra le plus facilement l'eau nécessaire aux végétaux.

Enfin nous connaissons tous l'action bienfaisante que la chaleur peut exercer sur la végétation et si nous venons à comparer la faculté qu'ont chacun des corps ci-dessous à absorber les rayons calorifiques du soleil, nous aurons les chiffres suivants :

Pour l'argile. .   37 degrés 25°
Pour le sable. .   37   —   38°
Pour le calcaire.   35   —   63°
Pour l'humus.   39   —   75°

Il résulte encore de ces chiffres, que c'est l'humus qui de tous les éléments avec lesquels nous le comparons, fera le plus profiter le sol des rayons bienfaisants du soleil.

Maintenant que nous connaissons les propriétés

de l'humus, nous allons examiner les différents états sous lesquels la pratique le rencontre dans le sol ; car d'après son origine et les circonstances dans lesquelles il a pris naissance, on distingue :

L'humus ou terreau doux.
L'humus acide.
L'humus tourbeux.

L'humus doux est celui qui provient de la décomposition des plantes usuelles et qui se forme dans un sol où se trouvent réunis les trois éléments : argile, sable, calcaire. Cet humus n'est point acide, il est propre à la culture des plantes usuelles et particulièrement des céréales.

L'humus acide est celui qui provient de la décomposition des bruyères, des fougères, des digitales. Il se forme dans les sols qui manquent de calcaire. Cet humus est acide et dans cet état il est impropre à la culture des plantes usuelles ; mais on peut le rendre propre à la culture, au moyen de l'introduction du calcaire, opération qui se pratique chez nous par le procédé du chaulage et du marnage.

L'humus tourbeux est celui qui provient de la décomposition des végétaux sous l'eau. Il est aussi acide et par cela même impropre à la culture des plantes usuelles. Lorsque le sol en est essentiellement formé, il ne peut être mis en culture qu'au moyen de labours profonds et de bons chaulages ou marnages. Cet humus peut aussi être utilisé avantageusement par l'agriculture, car mélangé au fumier il perd ses propriétés acides et se transforme en humus doux. Il sert alors aussi à augmenter la masse de l'humus du fumier.

Action de l'Humus ou Terreau.

L'humus exerce sur la végétation une action que personne ne saurait contester. Les praticiens en reconnaissent si bien la valeur que les terres, qui sont pauvres en humus, sont désignées par eux sous le nom de *terres maigres*, et ces terres ne donnent guère que des récoltes de seigle ou d'avoine. Quel est donc le rôle de l'humus ? Théodore de Saussure, le premier, avait émis cette idée que la partie soluble du terreau était absorbée par les plantes. Or nous voyons que s'il en était ainsi, l'humus, produit modifié de l'organisation soit végétale soit animale, concourait directement à une nouvelle production, et génération éteinte, il servait à une nouvelle génération.

Ces idées admises pendant quelque temps furent un moment écartées par l'illustre Liébig. Selon ce savant l'humus remplit bien un rôle important dans la végétation ; mais il ne peut à l'état de dissolution devenir partie constituante du végétal. Il n'a d'autre but en se décomposant que de fournir aux plantes de l'acide carbonique et de l'ammoniaque qui leur est nécessaire. Cette théorie si elle eût été vraie, aurait rendu service à l'agriculteur ; car elle aurait évité au praticien les charrois très-coûteux, que nécessite le transport des fumiers. Il n'aurait eu, en effet, qu'à brûler son fumier et à transporter ses cendres sur les champs. Mais ces idées théoriques n'ont point été justifiées par la pratique; et les recherches dernières faites à ce sujet par MM. Soubeiran et Malagutti démontrent, au contraire, que l'humus, produit de la désorganisation des tiges des feuilles, sert à reproduire directement des feuilles et des tiges, en fournissant tous les éléments qu'il contient. Les propriétés physiques de ce corps nous démontrent aussi son utilité, sa ténacité nous prouve qu'il peut ameublir les sols argileux et donner de la consistance aux sols sablonneux.

Sa propriété de retenir une grande quantité d'eau le rend propre à maintenir au sol l'humidité nécessaire aux moissons.

Enfin il a plus que tous les autres éléments du sol la propriété d'absorber les rayons calorifiques du soleil qui exercent une action si bienfaisante pour la maturité de nos grains. Le besoin qu'ont les sols de ce précieux élément de végétation nous fait un devoir d'indiquer au praticien les moyens de le leur fournir. En première ligne, nous citerons les fumiers, les engrais analogues à ceux de Jauffret, les différents composts dans lesquels on fait entrer beaucoup de débris végétaux.

Car l'emploi des engrais artificiels, guanos, etc., qui contiennent bien des corps importants, tels que phosphates, azote et alcalis, fournit au sol des récoltes; mais en empruntant au sol l'humus qu'il contient, ils le privent de ce précieux agent de fertilisation. Aussi, engageons-nous fortement le cultivateur qui veut récolter, à ne point oublier qu'il doit travailler d'abord à produire de l'humus, en ne laissant rien perdre des produits organiques dont il peut disposer.

CHAPITRE IV.

De l'Air atmosphérique. — De l'Eau. — Influence de ces agents naturels.

Nous avons jusqu'à ce jour indiqué au cultivateur les éléments qui forment la base du sol arable ; nous avons examiné les corps que la pratique, d'accord avec la science, reconnaît comme les plus propres à faciliter le développement des plantes et céréales. Cependant la présence de tous ces corps resterait sans action sans le concours des agents atmosphériques. Il n'est pas besoin en effet d'être versé dans la science pour comprendre que la vie végétale commence et s'accomplit dans deux milieux différents, la terre et l'air. C'est là que les récoltes puisent les éléments qui sont nécessaires à leur développement. Nous savons déjà que la terre sert d'abord de point d'appui aux racines de nos récoltes, en même temps que ces racines y puisent pour leur nourriture les éléments phosphates, alcalis, humus qu'elle contient. Il nous reste à instruire le cultivateur de l'influence que peuvent avoir les agents atmosphériques, air et eau, sur la végétation.

Air ou Atmosphère.

L'air est ce fluide qui nous environne de toutes parts. Il est formé par un mélange de deux gaz, le *gaz oxigène* et le gaz *azote* ; mais il contient en outre des quantités variables de gaz *acide carbonique*, de gaz *ammoniaque* et de *vapeur d'eau*. Ce mélange forme le milieu dans lequel chacun de nous s'agite et se meut.

L'air, tout le monde le sait, est indispensable à la vie de l'homme et des animaux ; mais que le culti-vateur le sache bien, il n'est pas moins nécessaire à la vie des plantes et il apporte un concours aussi important à la nutrition de la tige et des feuilles qu'au développement des racines.

Quel est donc son mode d'action? 1° Par l'in-fluence combinée de l'oxigène, de l'acide carbonique et de l'humidité, il facilite la désagrégation des ma-tières minérales du sol, met à nu certains prin-cipes minéraux qui pourront servir de nutrition à nos récoltes ;

2° Par son oxigène et son humidité, aidé du concours de la chaleur, il transforme les matières organiques du sol en *humus*, c'est-à-dire qu'il les amène à un état particulier où elles pourront, comme nous l'avons vu, concourir distinctement à la formation de nouvelles récoltes. Les cultivateurs, sans trop s'en rendre compte, ont si bien compris cette action combinée des éléments de l'air, que lorsqu'ils emploient comme engrais les curures des mares de leurs fermes ou de leurs fossés, ils les abandonnent pendant un certain temps au contact de l'air, pour que ces engrais *se mûrissent*, comme ils le disent ! Que le cultivateur comprenne bien ici ce qu'il fait ; ces curures de mares contiennent de l'humus tourbeux, puisqu'il s'est formé sous les eaux, et nous avons vu que, dans cet état, il était impropre à la culture des plantes usuelles ; mais son exposition à l'air tout en désagrégeant les matières terreuses, met à nu les matières organiques, les transforme en humus doux, et les rend ainsi profitables aux végétaux.

Le labourage ne nous donne-t-il pas encore une preuve des bons effets des éléments de l'air sur le sol ? Car cette opération qui, comme nous le verrons plus tard, est si utile dans tous les cas, devient une nécessité dans les terres fortes ou argileuses, où, comme on le dit, *labour vaut fumier*.

Le labourage rend en effet ces sols très-productifs en les divisant. D'abord, il les rend poreux, il permet alors à l'air de les pénétrer, de les désagréger;

5

et facilite la transformation des matières organiques que ces sols recèlent toujours, en humus dont nous connaissons le rôle important dans la végétation.

3° L'air par son acide carbonique forme un aliment naturel de la partie aérienne de nos récoltes, puisque, sous l'influence de la lumière, les feuilles décomposent l'acide carbonique de l'air, s'emparent du carbone que contient cet acide pour servir au développement des plantes.

4° L'air par son ammoniaque contribue aussi à favoriser la végétation en pouvant fournir, sous une forme qui nous paraît assimilable, l'azote qui se trouve tout à la fois dans les parties herbacées de nos plantes et surtout dans leurs graines, où sa présence paraît contribuer puissamment à la formation des parties nutritives de ces graines.

Nous voyons donc que les éléments de l'air concourent presque tous à la formation des grains et des pailles et il n'y a guère que l'azote seul, dont le rôle paraît être sans influence, ou dont l'action, sous cet état, ne nous paraît pas encore suffisamment expliquée.

Mais nous venons de voir que l'air contient encore une quantité variable de vapeur d'eau, qui condensée par les phénomènes naturels est rapportée à la surface du sol sous forme de brouillard, neige ou pluie, et qui surtout sous cette forme dernière exerce après la sécheresse une action si bienfaisante sur les terrains. Voyons donc quel est le rôle de l'eau.

De l'Eau.

De tous les besoins du végétal et je pourrais dire
de la nature animée, il n'en est pas de plus impé-
rieux que celui de l'eau. En effet, une plante arra-
chée et dont les racines sont plongées dans de l'eau
pure, pourra encore se maintenir quelque temps
vivante. Mais dans les conditions les plus favorables, attachée au sol et fournie d'engrais, si cette
plante est privée d'eau, elle ne tarde pas à se faner
et à périr. L'eau, en effet, se trouve dans tous les
végétaux ; elle fait donc partie essentielle de l'organisation de nos récoltes. Elle donne d'abord de la
souplesse à tous les organes de nos plantes ; mais
il y a plus, elle est en effet chargée par dissolution
de tous les principes nutritifs du sol, aussi bien des
principes minéraux qu'organiques, c'est-à-dire aussi
bien des alcalis, des phosphates, du calcaire, que
de l'humus. C'est ce qui forme la sève, ce liquide
nourricier qui sera charrié dans toute l'organisation
végétale où là, par des lois naturelles, les principes
qu'elle entraîne seront déposés et contribueront à
l'accroissement et au développement des plantes.
Mais l'action de l'eau est solidaire de la présence de
l'air ou de son oxigène et toutes les eaux qui, par
des actions chimiques, ont perdu leur air ou leur
oxigène sont impropres à la végétation, telles sont

les eaux croupissantes, les eaux trop fortement chargées de terreau, à qui l'aération seule peut rendre leurs propriétés fertiles. Que le cultivateur se persuade donc bien que le sol, pour être fertile, a besoin d'air, mais qu'il a aussi besoin d'eau.

La diversité des éléments du sol, les proportions relatives dans lesquelles ces éléments se trouvent, feront que le sol contiendra des quantités d'eau variables. De là les désignations suivantes, données dans la pratique aux terres :

Terres fraîches.

Terres sèches.

Les terres fraîches sont celles qui, à 33 centimètres (1 pied de profondeur), retiennent 25 % de leur poids d'eau.

Les terres sèches sont celles qui, à la même profondeur, ne retiennent que 10 % de leur poids d'eau. Nous verrons plus tard les moyens que le cultivateur pourra employer pour reconnaître la quantité d'eau que son sol peut retenir. Enfin la théorie et la pratique nous apprennent encore ce fait important, que lorsque la couche arable, à une profondeur de 6 centimètres, ne peut retenir 10 % de son poids d'eau, elle devient impropre à la culture, les végétaux qui s'y sont développés jaunissent et finissent par périr. La connaissance de ces faits est du plus haut intérêt dans la pratique, et l'expérience est là encore pour démontrer au cultivateur que l'excès d'humidité du sol, excepté dans les années de longue sécheresse,

est aussi préjudiciable que le manque d'humidité.
Car de même que certains sols très-argileux saturés
d'humidité, qui n'ayant pas d'écoulement, ne peuvent donner au cultivateur de récoltes lucratives,
de même aussi certains sols sablonneux, légers, qui
se dessèchent trop facilement, ne peuvent retenir
une quantite suffisante d'eau pour subvenir aux
besoins des plantes. Lorsque plus tard nous nous
occuperons des moyens d'améliorer le sol, nous in-
diquerons au cultivateur qu'au moyen du drainage
il pourra parer aux inconvénients du premier cas,
et que, dans le second cas, il sera obligé d'avoir recours aux arrosements ou irrigations.

L'étude que nous venons de faire de l'air et de
l'eau apprendra d'abord au praticien le rôle puissant
que jouent dans le développement de ses récoltes les
agents atmosphériques et le convaincra, je l'espère,
que l'action des éléments du sol resterait nulle, s'ils
n'étaient soumis à l'influence des agents : air, humidité et chaleur.

Mais pour que ces agents physiques puissent pénétrer les éléments du sol d'une manière utile et
avantageuse, leur présence seule n'est pas toujours
suffisante, il faut qu'ils s'y trouvent dans un état
physique convenable. Ceci crée alors pour le praticien un nouvel embarras ; car non-seulement il faut
à son sol la composition que nous lui avons indiquée, mais il faut encore que ces éléments s'y trouvent dans un état physique convenable, qui permette

aux agents atmosphériques de les pénétrer facilement. Les résultats si divers obtenus dans la pratique sont là pour prouver la véracité des faits que
nous avançons.

Supposons en effet deux sols : L'analyse chimique
y constate la présence des mêmes corps en quantités
à peu près égales et plus que suffisantes pour subvenir aux besoins de plusieurs récoltes, l'exposition
et le climat sont les mêmes, et quoiqu'on applique à
ces sols une même culture, on obtient des résultats
de production bien différents. Or, puisque nous supposons les mêmes éléments et le même mode de
culture et que les produits obtenus sont bien différents, nous ne pouvons nous en prendre à l'absence
d'un ou de plusieurs corps utiles à la végétation, il
nous faut donc chercher ailleurs la cause de cette
différence, et nous la trouvons dans l'état physique
des éléments mêmes du sol, état qui leur donne des
degrés d'assimilation différents et la propriété d'absorber d'une manière diverse l'eau, l'air et la chaleur.

Un autre exemple va faire bien comprendre ma
pensée. Deux sols donnant à l'analyse chimique des
quantités égales de calcaire pourront avoir des degrés de fertilité bien différents. Si dans l'un, le calcaire y est à l'état de marne et si dans l'autre il s'y
trouve à l'état de sable calcaire, on voit de suite que,
sous ces deux formes, le calcaire pourra avoir sur
les résultats de la végétation une action qui ne

sera pas la même. La marne, en effet, divisera le
sol, y maintiendra l'humidité nécessaire, s'y dissou-
dra facilement, effet que ne saurait produire le calcaire à l'état de *sable calcaire*. Ainsi donc la forme,
l'état physique des éléments du sol exercent sur
la végétation des effets bien différents, et la pratique voit aussi se reproduire des résultats identiques dans l'emploi d'engrais dont la forme et l'état
physique sont bien différents. Aussi tous les jours
nous voyons des engrais contenant les mêmes quantités de principes utiles à la végétation, employés
sur des sols identiques, fournir des résultats en blé
ou autres récoltes qui diffèrent entièrement. Ceci
doit faire comprendre l'intérêt que la pratique agricole peut avoir à connaître les propriétés physiques
du sol, et cet intérêt grandit encore quand on voit
un savant comme M. Boussingault dire que l'analyse
chimique ne suffit pas toujours pour décider de la
fertilité du sol, tandis que l'analyse physique ou la
connaissance des propriétés physiques des éléments
constituants du sol en dit souvent autant. Les praticiens, eux aussi, semblent l'avoir bien compris,
car nous les voyons souvent désigner les sols qu'ils
exploitent par des noms qui nous rappellent leurs
propriétés physiques ; ainsi ils désignent par terres
fortes les sols argileux difficiles à travailler, par
terres *légères* les sols siliceux, sablonneux et très-
mobiles, enfin par terres *humides* les sols qui retiennent facilement l'humidité.

Il me reste donc pour compléter notre étude pratique du sol, à mettre sous les yeux du cultivateur les propriétés physiques du sol qu'il a intérêt à connaître, et ces propriétés sont les suivantes :

Tenacité du sol.
Faculté d'absorber et de retenir l'eau.
Aptitude des sols à se dessécher.
Facilité plus ou moins grande qu'ont
les sols à s'échauffer.

Nous allons examiner ces différentes propriétés des éléments du sol.

Les résultats que nous allons rapporter sont dus aux travaux intéressants de Schubler, travaux que je crois inutile de reproduire ici dans leur entier. Je vais seulement présenter les chiffres qu'il a obtenus, en recommandant à l'attention du praticien moins les chiffres réels que les proportions relatives qu'ils représentent.

Tenacité de la Terre.

La tenacité de la terre est cette propriété qui rend le sol difficile à travailler. Les terres tenaces ou, comme le disent les cultivateurs, les terres *fortes* sont celles qui offrent de la résistance aux instruments aratoires. Les sols doivent cette propriété à des quantités assez grandes d'argile.

Or Schubler, venant à comparer la tenacité des

différentes terres entre elles et prenant pour point
de départ l'argile dont il représente la ténacité par
100, est arrivé à ces chiffres pour les terres suivantes :

Argile pure............	100
Argile ou glaise grasse....	68 50
Argile ou glaise maigre...	57 40
Terre arable d'Hofwill....	33
Terre arable du Jura.....	22
Terre calcaire..........	5
Sable siliceux..........	0
Sable calcaire..	0

En consultant ces chiffres, le cultivateur verra de
suite les corps qu'il doit employer pour donner à
son sol une ténacité convenable, analogue à la terre
arable d'Hofwil. Il verra de suite, que, si le sol qu'il
exploite est trop tenace, trop difficile à travailler, il
pourra corriger ce défaut au moyen du calcaire ou
du sable ; que, si au contraire, il a un sol siliceux,
léger, trop *meuble*, il lui donnera de la consistance
au moyen de l'argile pure, de la glaise, soit grasse,
soit maigre.

Faculté du sol à absorber et à retenir l'eau.

Nous avons vu la nécessité pour les sols de contenir une quantité d'eau nécessaire au développement des récoltes et nous avons constaté que l'excès

ou le manque d'humidité du sol devenait préjudiciable à la culture pratique. Or, la nature des éléments si divers qui composent le sol, l'état de pulvérisation dans lequel ils se trouvent sont autant de causes qui font que le sol peut absorber et retenir des quantités variables d'eau. Mais comme il est assez important pour le praticien de pouvoir constater ce que son sol peut absorber et retenir d'eau, j'essaierai de lui donner un moyen simple et pratique à l'aide duquel il pourra s'en rendre compte. La terre sur laquelle on veut expérimenter est d'abord desséchée à la température de 100 degrés ou à la température de l'eau bouillante; on en prend ensuite 20 grammes, on la place dans un vase quelconque, on y ajoute peu à peu de l'eau jusqu'à ce qu'on obtienne une bouillie claire ; on verse alors cette bouillie sur un filtre préalablement humecté d'eau et pesé. Lorsque le filtre ne laisse plus échapper d'eau on pèse de nouveau, l'augmentation de poids obtenu indique la quantité d'eau que la terre peut absorber.

Exemple :

La terre que nous avons prise pesait **20 gram.**

Le poids du filtre humide......... **5 gram.**

Le poids total est de.. **25 gram.**

Lorsque la terre a été imbibée d'eau, que l'excédant de l'eau a passé à travers les parois du filtre, nous trouvons que le poids total est de 35 grammes;

en retranchant 25 de 35 on trouve le chiffre 10, ce qui revient à dire que nos 20 grammes de terre ont absorbé 10 gram. d'eau, soit 50 °/₀ de leur poids.

En opérant ainsi sur diverses terres, Schubler est arrivé aux chiffres suivants :

100 kilogr.	Sable siliceux absorb. et retien.	25 kil. d'eau.
—	Sable calcaire................	29
—	D'argile pure.................	70
—	De glaise grasse...	50
—	De glaise maigre..............	40
—	De terre arable du Jura........	48
—	De terre arable d'Hofwill.......	52
—	De terre calcaire fine..........	85
—	D'humus.....................	190

Ces chiffres nous permettent de tirer les conclusions suivantes :

1° Que les sables, les terres sablonneuses ou légères sont celles qui absorbent et retiennent le moins d'eau ;

2° Que les terres argileuses ou terres fortes en contiennent d'autant plus qu'elles contiennent moins de sable ;

3° Que les terres calcaires ont une grande affinité pour l'eau ; pourtant il faut distinguer l'état du calcaire, car nous voyons qu'à l'état de sable calcaire il retient beaucoup moins d'eau ;

4° Que de tous les éléments du sol, c'est l'humus qui a la plus grande faculté d'absorber l'eau, puisque seul il peut en absorber presque deux fois son poids. Cette propriété, jointe au rôle qu'il joue dans la végétation, en font un des éléments les plus précieux du sol.

CHAPITRE V.

Aptitude des Sols à absorber et à retenir la chaleur. — Humidité des Terres. — Direction des rayons du Soleil.

Nous avons vu dans notre dernier chapitre qu'il pouvait être utile au cultivateur de connaître la faculté d'imbibition de son sol, mais il lui est bien plus avantageux encore de savoir si le sol, une fois mouillé, se desséchera promptement et s'il pourra conserver la quantité d'eau indispensable aux besoins des plantes usuelles. Car, bien que l'eau soit nécessaire à toutes les fonctions de la vie végétale, qu'elle favorise en son temps la germination, et qu'elle facilite la dissolution des engrais et des substances minérales, qui doivent contribuer au développement des récoltes ; néanmoins, les sols qui se dessèchent difficilement deviennent nuisibles à

la végétation. Effectivement, l'eau en excès, si elle
ne fait pas pourrir les racines, occasionne un développement foliacé assez considérable, qui nuit tout
à la fois à la quantité des graines, en même temps
qu'à leur qualité. Ces faits n'ont point échappé à
l'observation du cultivateur intelligent, et ces sols,
qui conservent facilement leur humidité, sont par
lui désignés sous le nom de sols humides ou froids,
tels sont les terrains argileux dont les produits sont
en général tardifs. Ceux, au contraire, qui se dessèchent rapidement, ont reçu le nom de terrains
secs, terrains chauds ; tels sont les sols siliceux.
Ces sols sont généralement précoces. Si maintenant
nous recherchons comment les différentes matières
du sol imbibées d'eau se dessèchent, nous trouverons que les résultats obtenus concordent parfaitement avec les faits de l'observation pratique. Les
observations de Schubler ont porté entre autres sur
les terres suivantes :

En supposant qu'elles contenaient 100 parties
d'eau, il les a exposées pendant quatre heures
quatre minutes à une température de 18° 75'. Elles
ont perdu pendant ce temps et à cette température
les quantités d'eau suivantes, sur 100 :

Sable siliceux. 88 4
— calcaire. 75 9
Glaise maigre. 52
— grasse 45 7

6

Terre du Jura............... 40 1
— d'Hofwill............ 32
Argile pure............... 31
Terre calcaire fine......... 28
Humus 20

Nous trouvons donc que, dans les conditions d'expérience où s'est placé Schubler, les différentes terres, dont nous avons constaté la faculté d'absorber l'eau, auraient perdu les quantités d'eau suivantes :

100 kil.	Absorption. kil.	Eau perdue. kil.		Eau gardée. kil.	
Sable siliceux........	25	22	100	2	400
Sable calcaire.......	29	22	010	2	490
Glaise maigre.......	40	20	800	19	200
Glaise grasse	50	22	850	27	150
Terre du Jura.......	40	16	000	24	000
Terre d'Hofwill......	52	16	640	35	360
Argile pure........	70	21	700	48	300
Terre calcaire fine...	85	23	800	61	200
Humus	190	38	000	152	000

Comme ces expériences concordent avec les faits de l'observation pratique , elles prouvent d'abord que les matières du sol qui absorbent le plus d'eau sont celles qui, en somme, la retiennent avec le plus d'avidité, et nous venons de voir que les cultivateurs désignaient sous le nom de sols froids, sols humides, ceux qui sont argileux. On voit par ces chiffres que ce sont aussi les sols argileux qui se dessèchent le moins facilement; que les sols siliceux, désignés sous le nom de sols chauds, sont les terrains qui se dessèchent le mieux. Nous voyons encore que l'humus, qui peut absorber presque le double de son poids d'eau, la retient avec avidité. Quand bien même sa présence serait nulle comme alimentation de nos récoltes, elle rendrait encore de grands services surtout dans les sols siliceux, où il retiendrait l'eau nécessaire à la végétation.

La quantité d'eau normale que l'on trouve dans les sols forme ce qu'on appelle la *fraîcheur du sol*. Mais M. de Gasparin désigne, sous le nom de fraîcheur du sol, cet état où il n'est ni trop sec ni trop humide, état dans lequel la terre peut conserver en toute saison la quantité d'eau convenable, pour que la végétation y ait lieu d'une manière continue. On peut quelquefois, dans la pratique, avoir besoin de se renseigner sur l'état de fraîcheur du sol.

Pour y arriver, le moyen est assez facile : il consiste à prendre, à l'aide d'une sonde, de la terre à 33 centimètres de profondeur. On pèse, par exemple, 100 grammes de cette terre, que l'on fait dessécher à la température de 100 degrés. La diminution du poids de la terre par la dessiccation en indique la fraîcheur. Si les 100 grammes de terre soumise à cette opération ont perdu 15 à 25 % de leur poids, la terre sera dite *terre fraîche*. Si, au contraire, la terre n'a perdu que 10 %, la terre sera dite *terre*

sèche. On désigne aussi en pratique sous le nom de
terres saines, celles qui ne sont ni trop sèches ni
trop humides, qui, trois jours après les plus fortes
pluies, ne contiennent plus que la moitié du poids
de l'eau dont les pluies les ont imbibées, et qui, au
mois d'août, après huit jours de sécheresse, contiennent encore au moins 10 °/₀ de leur poids d'eau.
Tout ce que je viens de dire démontre facilement
que l'état d'humidité ou de sécheresse du sol
doit avoir une influence considérable sur la production de la terre, et par cela même sur sa valeur.
Nous pouvons en tirer cette conclusion : que les
terres saines doivent convenir au plus grand nombre
de cultures, que les terres humides ou fraîches conviennent bien aux plantes fourragères qui sont re-
cherchées le plus ordinairement pour leurs parties
foliacées. Quant aux terres sèches, il faut éviter la
culture des plantes, dont la récolte n'aurait lieu
qu'en automne, parce que les fortes chaleurs de
l'été peuvent les brûler.

J'ajouterai pourtant, car il n'est pas de règle sans
exception, que, si dans les années de fortes sécheresse, on peut obtenir de très-bonnes récoltes dans
les sols humides, l'inverse se produit dans les années
mouillées pour les terres sèches. Dans une exploitation agricole d'une certaine importance, il est bien
rare, eu égard à la diversité des sols, que le cultivateur ne se trouve pas en présence des deux cas
suivants : ou parer à l'excessive humidité du sol, ou

avoir à y maintenir l'humidité nécessaire. Dans le premier cas, il faut avoir recours aux travaux de dessèchement ; dans l'autre, au contraire, avoir recours aux irrigations, ou, si le terrain le permet, à la culture de plantes qui ont un feuillage épais, ayant pour but de retarder l'évaporation de l'humidité du sol.

Aptitude des sols à absorber et à retenir la chaleur.

Les agents physiques, électricité, lumière, sont nécessaires à la végétation, et s'il ne nous est pas possible d'en apprécier exactement le mode d'action, nous savons du moins, par des expériences positives, que l'électricité accélère la germination, première phase de la vie végétale. Tout nous porte à penser que cette action se continue même pendant toute la vie des plantes. La lumière, elle aussi, est nécessaire au développement complet des récoltes ; car les plantes qui végètent à l'abri de la lumière s'étiolent. Nous en avons un exemple dans la chicorée des caves, dans les pommes-de-terre, qui germent à l'abri de la lumière.

Nous savons encore qu'une plante placée dans un lieu muni d'une seule ouverture s'incline naturellement vers cette issue, où elle peut rencontrer la lumière nécessaire à sa vie.

Les arboriculteurs, dans les plantations qu'ils font, dans les formes qu'ils donnent aux arbres fruitiers, ont si bien reconnu ce fait, qu'ils s'arrangent de manière à ce que les fruits soient éclairés pour qu'ils puissent se développer et mûrir plus facilement.

Mais la chaleur (qu'on désigne dans la science sous le nom de *calorique*) est aussi nécessaire à la végétation, et les praticiens l'ont bien reconnu en appliquant aux sols la désignation de *chauds* ou *froids*. C'est qu'en effet les sols peuvent absorber et retenir des quantités de calorique bien différentes. Le degré d'échauffement des terres peut dépendre de plusieurs causes :

1° De la couleur de la surface du sol;

2° De la composition chimique du sol;

3° De la quantité d'humidité que retient le sol;

4° De la direction des rayons du soleil.

La couleur plus ou moins foncée de la surface est une des principales causes de l'échauffement du sol. Les travaux de Schubler, les expériences obtenues tous les jours dans la pratique démontrent bien que l'échauffement du sol est d'autant plus grand que sa surface est plus foncée en couleur. Tout ceci est, du reste, d'accord avec les données de la science qui nous enseigne que les surfaces noires absorbent les rayons calorifiques du soleil, bien plus rapidement que les surfaces blanches qui, au contraire, les réfléchissent et les renvoient.

C'est pour cette raison que de deux vêtements de poids égaux, dont l'un est de couleur noire et l'autre de couleur blanche, le premier sera bien plus chaud que le second. C'est que le premier, en effet, absorbera les rayons calorifiques du soleil, tandis que le second les réfléchira. Au point de vue des matières terreuses, si nous prenons de l'argile et que nous en placions une portion dans un vase blanc et l'autre dans un vase noir, le tout étant exposé aux rayons du soleil, on note ce fait important que, par l'action du soleil, la température de l'argile placée dans le vase blanc n'augmente que de 16°, tandis que la température de celle qui est placée dans le vase noir augmente de 24°.

C'est par toutes ces raisons qu'on a conseillé de teindre en noir dans le nord de l'Europe les espaliers pour pouvoir ainsi hâter et compléter la maturation des fruits. Par la même raison aussi, le cultivateur qui aurait dans son exploitation des terres blanchâtres, dont les récoltes seraient par ce seul fait tardives à mûrir, réussirait très-bien à corriger ce défaut en les saupoudrant de charbon de bois pulvérisé, de tourbe ou de noir animal, corps noirâtres, qui, en absorbant les rayons calorifiques du soleil, hâteront la maturité de ces mêmes récoltes.

La composition chimique exerce aussi sur l'échauffement du sol une certaine action. Parmi les éléments si divers qui composent le sol, c'est le

sable, soit siliceux, soit calcaire, qui, comparé à
volumes égaux avec les autres matières terreuses,
possède au plus haut degré la faculté d'absorber la
chaleur et même de la retenir le plus longtemps.

Ceci nous explique de suite la grande chaleur et la
sécheresse que présentent en été les terres sablonneuses. L'expérience démontre en effet qu'en été,
par une température de 25°, le sable au milieu de
la journée acquiert une température de 45 à 50°.
L'échauffement du sable et des terres sablonneuses
est encore favorisé par le peu d'humidité que retient
ce corps, et nous savons que les terres sablonneuses
retiennent peu d'humidité. Si donc nous venons à
comparer les degrés d'échauffement des matières
terreuses du sol, en prenant pour point de comparaison le sable calcaire, qui s'échauffe le plus, et si
nous représentons par 100 le pouvoir qu'il a de
s'échauffer, nous aurons les chiffres suivants :

Sable calcaire	100	00
Sable siliceux	95	60
Glaise maigre	76	90
Glaise pure	68	40
Glaise grasse	71	10
Terre arable du Jura	74	30
Terre arable d'Hoffwill	70	10
Terre de jardin	64	80
Terre calcaire fine	61	80
Humus	49	00

Nous voyons par ces chiffres que, de toutes les parties constituantes du sol, c'est l'humus qui absorbe le moins de chaleur. Cela tient sans doute à sa porosité et à la quantité d'eau qu'il retient. Nous avons vu, en effet, que 100 parties d'humus peuvent absorber 190 d'eau.

Humidité des Terres.

La quantité variable d'humidité dont sont imprégnées les terres, modifie d'une manière sensible l'échauffement du sol par les rayons solaires. L'expérience prouve en effet que les terres humides ont toujours une température moindre que les terres de même nature qui seraient sèches. Cela tient sans doute à la quantité de chaleur que l'eau, retenue par ces sols, emploie pour se vaporiser. Nous voyons de suite que si ces terres humides ont en outre une couleur claire, elles ne pourront s'échauffer que très-lentement, et comme exemple je puis citer les sols formés d'argile et de calcaire, et les sols crayeux.

Les terres qui contiennent beaucoup de calcaire sont pourtant désignées quelquefois, par les cultivateurs sous le nom de sols *brûlants* ; mais cette expression leur a été appliquée à cause de la facilité avec laquelle ils détruisent les engrais. Nous venons de voir que l'humidité du sol est de nature à retarder son échauffement, ceci nous explique facilement pourquoi les pluies survenues en temps inopportun produisent sur nos récoltes un effet fâcheux. Le refroidissement que subit brusquement le sol peut retarder en effet la maturité des récoltes, en les privant de la chaleur dont elles peuvent alors avoir besoin.

Direction des rayons du Soleil.

L'incidence directe ou oblique des rayons du soleil exerce aussi sur l'échauffement du sol une influence marquée. Toutes choses égales, d'ailleurs, l'échauffement sera d'autant plus grand, que les rayons tomberont plus perpendiculairement à la surface du sol. Ou bien, supposons deux sols de même nature, mais dont l'un recevant les rayons du soleil d'aplomb, et l'autre, au contraire, les recevant obliquement, le premier s'échauffera bien plus vite que le second. Si maintenant nous venons à comparer entre elles les causes qui influent le plus sur l'échauffement du sol, on trouve que c'est la couleur, l'humidité et l'incidence des rayons solaires. Ces trois causes peuvent d'un jour à l'autre donner au sol des différences très-notables de température, tandis que la composition chimique seule ne fait varier l'échauffement du sol que de quelques degrés.

Quoique incomplète, l'étude que nous venons de faire démontre tout ce qu'a d'important pour le pra-

ticien la connaissance des propriétés physiques du
sol. Elle est en effet, avec la composition chimique,
le moyen le plus rationnel de déterminer la valeur
de la terre. J'ajouterai pourtant qu'il est encore un
point essentiel à connaître, c'est la profondeur de la
couche arable, c'est-à-dire l'épaisseur de la partie
cultivée ou qui pourrait le devenir, même en enlevant une certaine portion de la surface du sol. La
pratique l'a observé comme la science, et quand elle
veut désigner une bonne terre, elle dit toujours :
Cette terre a du fond, où elle possède un bon fond. —
L'épaisseur de la couche arable est en effet variable.
On lui trouve depuis quelques centimètres jusqu'à
un mètre et plus. Aussi M. de Gasparin divise ainsi
la couche arable en :

> Sol actif.
> Sol inerte.
> Sous-sol.
> Sol imperméable

Sous le nom de sol actif, il désigne la partie des-
tinée à la culture ; c'est dans cette couche que végètent les racines. Le sol inerte est la couche placée
au-dessous du sol actif, et qui ne prend qu'une
part indirecte à la végétation, mais qui conserve
encore la même composition minérale. Le sous-sol
est la couche placée au-dessous du sol inerte. Sa
composition chimique est différente et elle repose
sur la couche imperméable. Il arrive quelquefois
que le sol actif repose immédiatement sur le sous-

sol, et la couche inerte manque complétement. La couche imperméable est le plus ordinairement calcaire ou argileuse, et sans prendre une part directe à la végétation, elle peut néanmoins, si le sol actif n'a pas de fond, avoir une certaine influence sur la couche arable, principalement sur son état de sécheresse ou d'humidité. Le cultivateur a quelquefois intérêt à connaître la nature du sous-sol, car si la terre qu'il exploite n'a pas de fond, il peut y avoir avantage pour lui à le défoncer peu à peu par de profonds labours. Il pourra d'abord le rendre plus perméable, et en le mélangeant ensuite avec le sol actif, il augmentera la masse de ce dernier tout en l'améliorant. Aussi, un sol argileux est-il amélioré par un sous-sol siliceux, et un sol siliceux est-il à son tour amélioré par un sous-sol argileux. Enfin les terres qui ont du fond, outre les récoltes avantageuses qu'elles offrent à l'agriculteur, sont encore d'une immense ressource pour l'amélioration des terres épuisées ou peu fertiles. Leur transport sur ces sols, opération connue sous le nom de *terreaudage*, sur laquelle nous reviendrons, offre dans ce moment-ci des avantages immenses à l'agriculture beauceronne, malgré les dépenses qu'elle entraîne.

CHAPITRE VI.

Recherche de l'Argile, du Sable et de l'Humus. — Classification des Sols.

Je me propose, dans ce chapitre, d'indiquer au cultivateur quelques moyens simples et faciles à l'aide desquels il pourra constater dans son sol la présence de quelques-uns au moins des éléments qui paraissent le plus propres à la culture. Mais, pour être bien compris, je vais en quelques mots rappeler ce que nous avons vu. La science et la pratique nous ont appris que la culture des plantes usuelles, pour offrir au laboureur un certain bénéfice, exigeait le concours des corps suivants.

1° Éléments nécessaires :

Argile.
Sable.
Calcaire.

Formant la base du sol propre à la culture.

7

2° Éléments auxiliaires :

Phosphates.

Alcalis.

Humus.

Représentant les éléments principaux nécessaires au développement de nos récoltes.

3° Agents physiques :

Air.

Eau.

Electricité.

Lumière.

Chaleur.

Dont la présence est indispensable pour mettre les éléments du sol en action.

Mais l'influence si utile des agents physiques pouvant être modifiée par quelques causes, telles que l'inégalité dans la proportion des éléments constitutifs du sol, leur forme et leur porosité, et ces causes influant d'une manière notable sur la production, ces considérations nous ont amené à examiner les propriétés physiques du sol les plus importantes, telles que la tenacité, etc. Voilà à peu près, dans son ensemble, l'étude que nous avons faite jusqu'à ce jour.

Maintenant, pour que la culture des plantes usuelles devienne avantageuse, il faut que le cultivateur sache bien qu'il existe entre les éléments nécessaires et auxiliaires du sol une solidarité tellement grande, que si l'un de ces corps venait à manquer complètement, toute culture lucrative deviendrait impossible. Alors, il y a pour le cultivateur une nécessité impérieuse de fournir au sol l'élément qui lui fait défaut. De là naît pour le praticien l'intérêt de pouvoir se rendre compte des éléments qui peuvent manquer au sol qu'il exploite. Mais c'est là le moindre des soucis du laboureur, et nous le voyons généralement agir, sans se préoccuper de la composition de son sol, appliquer sur son exploitation le même mode de culture que ses devanciers, ou suivre la routine de ses voisins.

J'avouerai que pour arriver à la constatation complète de tous les éléments du sol, il faut avoir recours à une opération chimique qu'on désigne sous le nom d'analyse, opération qui exige généralement des connaissances assez étendues et une habitude accomplie des manipulations chimiques peu familières à la généralité des cultivateurs.

Le but que je me propose ici n'est donc point d'apprendre au laboureur à faire une analyse, mais bien de lui indiquer les moyens le plus à sa portée, et qu'il pourra avec un peu de soin pratiquer lui-même ; il s'assurera par cela même si son sol contient les éléments qui sont nécessaires à sa fertilité.

Les corps dont le cultivateur a intérêt de constater la présence sont les suivants :

Argile. Humus.
Sable. Phosphates.
Calcaire. Alcalis.

Pour arriver à cette constatation, le cultivateur procèdera ainsi :

La terre qu'il voudra examiner devra être soulevée du sol à la profondeur d'un bon labour ordinaire ; on la mélangera bien dans toutes ses parties, puis après elle sera desséchée à la température de l'eau bouillante ou d'un four, après la cuisson du pain. Elle sera ensuite pesée, criblée à l'aide d'un tamis ou d'une petite passoire. Cette dernière opération a pour but d'isoler les graviers et les pierres dont on pourra, si on le désire, tenir compte au moyen d'un pesage. Ceci permettra d'en établir le poids relativement à la pesanteur de la terre que l'on aura préparée. Supposons maintenant que le cultivateur veuille s'assurer si sa terre est calcaire, et cette connaissance lui est d'autant plus nécessaire que tout sol qui n'est pas calcaire est impropre à la culture du blé, comment s'y prendra-t-il ? Il est dans la science un principe facile à comprendre, c'est que lorsque l'on veut se livrer à la recherche d'un corps, toutes les tentatives faites dans ce but sont basées sur la connaissance des propriétés de ce corps. Or, le calcaire, que le cultivateur veut rechercher dans son sol, a les propriétés suivantes : il est insoluble dans l'eau, soluble dans les acides avec effervescence, c'est-à-dire en produisant un petit bouillonnement. Le cultivateur prendra donc 100 grammes de la terre qu'il aura préparée, il versera dessus un mélange d'acide nitrique (eau forte du

commerce), avec 5 parties d'eau, et si cette terre
fait effervescence, en produisant un petit bouillonnement, il pourra être certain que le sol est calcaire.

Car s'il en était autrement, il ne se manifesterait
aucun phénomène apparent, et c'est ce qui a lieu
lorsqu'on traite par le même moyen un échantillon
de terre de bruyères non marnée. — Cette opération aussi simple que facile apprendra donc d'abord
au cultivateur que son sol est ou non calcaire. Mais
supposons que le cultivateur veuille ensuite se rendre compte de la quantité de calcaire que contient
sa terre, comment doit-il s'y prendre ? Il versera sur
ces 100 grammes de terre, et, peu à peu, son mélange d'eau et d'acide, en agitant de temps en temps
pour renouveler les surfaces et lorsqu'une nouvelle
addition d'eau acide ne fera plus d'effervescence ; il
jettera le tout sur un filtre, il lavera convenablement
avec de l'eau, ensuite il fera dessécher, comme je l'ai
indiqué plus haut, puis il pèsera. La différence entre les 100 grammes de terre qu'il a prise et le poids
de la terre lavée et desséchée de nouveau, lui indiquera très-approximativement la quantité de calcaire
contenue dans 100 parties de sa terre.

EXEMPLE :

Nous avons pris 100 grammes de terre, après le
traitement par l'eau acidulée, le lavage et la dessiccation, nous ne trouvons plus que 94 grammes,

7.

notre terre contenait très-approximativement 6 °/₀ de son poids de calcaire. Lorsqu'un pareil traitement démontre au cultivateur l'absence complète du calcaire, comme nous avons établi que le calcaire est un des éléments nécessaires au sol pour qu'il soit susceptible d'être cultivé, le praticien devra avant tout avoir recours au chaulage ou au marnage, qui dans nos contrées est le moyen pratique le plus avantageusement employé pour fournir au sol le calcaire dont il a besoin.

Recherche de l'Argile et du Sable.

L'argile et le sable se reconnaissent assez facilement dans le sol ; mais il est important de pouvoir constater dans quelles proportions ces deux corps s'y trouvent. Pour arriver à ce résultat, on a recours à une opération mécanique désignée sous le nom de lévigation, qui est fondée sur les propriétés physiques de chacun de ces corps. En effet, un mélange d'argile et de sable se divise très-bien dans l'eau ; mais comme l'argile est excessivement fine, elle peut y rester quelque temps en suspension ; tandis que le sable, généralement plus lourd et sous forme de grains plus ou moins volumineux, ne tarde pas à se déposer. Profitant donc des propriétés différentes de ces deux corps, le cultivateur prendra 100 grammes de sa terre préparée, il la divisera dans l'eau, laissera reposer un instant, puis il décantera en enlevant ainsi l'argile en suspension. Or, en répétant avec soin et un certain nombre de fois cette opération, on peut arriver à séparer complètement l'argile du sable. Le sable est ensuite desséché et pesé exactement. Le poids du sable, supposé 40 grammes, distinct du poids du calcaire trouvé et de l'humus (si le sol en contient), donne par différence le poids de l'argile.

On doit pour cette opération, dite lévigation, à M. Masure, professeur de sciences au Lycée d'Orléans, un petit appareil très-simple et très-ingénieux que beaucoup de personnes ont pu voir fonctionner à la dernière exposition qui a eu lieu à Orléans (1861).

Recherche de l'Humus.

Pour arriver à constater la présence de ce corps dans le sol, on se fonde encore sur les propriétés qu'on lui connaît et qui sont les suivantes : complètement destructible par la combustion, et soluble dans les alcalis.

Le cultivateur, s'il tient compte de l'utilité fertile de ce corps, des proportions variables qui en paraissent nécessaires aux diverses cultures qu'il veut obtenir, a un grand intérêt à connaître si son sol en contient et dans quelles proportions.

Ce n'est pas sans raison, puisque les bonnes terres à blé semblent exiger de 4 à 8 %, d'humus, l'orge de 2 à 3 %, et le seigle de 1 à 1/2 %.

Pour arriver à ce résultat, il prendra 100 grammes de terre préparée, il la placera dans un creuset
qu'il chauffera jusqu'au rouge, en remuant de temps
en temps avec une petite tige de fer, pour renouveler les surfaces et rendre plus complète la combustion. Lorsque cette opération sera accomplie, il
retirera le creuset du feu, laissera refroidir et pèsera. La perte du poids indiquera approximativement
la quantité d'humus ou de matières organiques que
le sol contient. — Supposons ici qu'elle soit égale
à cinq.

En résumant ainsi son opération, le cultivateur
aurait, pour résultat de ses recherches, sur 100
parties :

	Calcaire.	6
	Sable...	40
	Humus..	5
Et par différence.	Argile ..	49
		100

Certes, de pareilles opérations ne sont point des
analyses aussi rigoureuses que celles que la chimie
doit faire ; mais elles sont encore les seules possibles
pour le praticien, et bien suffisantes pour le guider
dans ses opérations journalières. Quant à la recherche des alcalis et des phosphates, elle exige des
manipulations plus délicates et qui ne sont guère
abordables par les praticiens. Si le cultivateur pen-
sait qu'il y eût pour lui nécessité de s'assurer de la

présence de ces corps dans son sol, il devrait s'adresser alors aux hommes qui ont une certaine habitude de ces opérations. J'ajouterai que l'argile du sol est, comme nous l'avons vu, la source des alcalis ; que, d'autre part, il n'est guère de calcaire qui ne contienne des traces de phosphate de chaux.

Il nous sera facile de conclure que sauf quelques rares exceptions provenant de l'épuisement du sol, toute terre suffisamment argileuse et calcaire contiendra des alcalis et des phosphates en quantité suffisante pour plusieurs récoltes.

Tels sont les moyens les plus simples à l'aide desquels le praticien pourra au besoin constater dans le sol qu'il exploite la présence des éléments nécessaires au développement de ses récoltes. Si de pareilles recherches lui révélaient l'absence d'un ou plusieurs de ces éléments, il lui faudrait de toute nécessité les ajouter au sol pour le rendre productif. Mais si ces recherches conduisaient le praticien à trouver tous les éléments que j'ai indiqués et que, malgré cela, la fertilité du sol ne fût pas ce qu'elle pourrait être, il devrait faire davantage. En effet, comme la présence seule de ces corps ne suffit pas toujours pour constituer d'une manière rigoureuse la fertilité du sol et que cette fertilité dépend encore de l'état physique de tous ces éléments, de la manière plus ou moins avantageuse dont ils sont pénétrés par les agents naturels, le cultivateur alors, pour améliorer l'état productif de sa terre, devrait

avoir recours à tous les travaux qui ont pour but de
corriger l'état physique du sol, tels que les labours,
les amendements qui ont pour objet, suivant le but
qu'on se propose, d'en augmenter ou d'en diminuer
la tenacité. Il aurait encore le drainage qui a pour
but de le dessécher, les irrigations qui donnent le
moyen de fournir au sol l'eau si nécessaire à la nutrition des plantes. Nous aurons l'occasion d'examiner toutes ces opérations lorsque nous nous
occuperons des moyens d'améliorer le sol en culture.

Classification des Sols.

Maintenant que nous connaissons les éléments nécessaires au sol arable, le rôle que chacun de ces
éléments remplit dans la végétation, soit qu'il serve
d'aliment aux plantes, soit que, par ses propriétés
physiques, il serve de point d'appui à nos récoltes ;
maintenant aussi que j'ai indiqué au praticien les
moyens dont il pourra faire usage pour constater
dans son sol la présence des plus importants de tous
ces corps, nous devons établir la classification des
sols.

Classer les sols, cela signifie les désigner par des
noms qui rappellent leurs éléments constituants.
Les praticiens n'ont point, à proprement parler, de
classification, ils désignent les terres qu'ils exploitent par des expressions qui leur rappellent quel-

ques-unes de leurs propriétés. Ainsi, ils ont d'abord des *terres fortes* et des *terres légères*. Cette désignation des sols paraît aussi vieille que la culture. Ils ont encore des *terres sèches* et des *terres humides*, des *terres froides* et des *terres brûlantes*, des *terres franches*, des *terres qui ont du fond*, d'autres *qui n'en ont pas*, quelquefois ils désignent encore leurs terres par leur aptitude à fournir des récoltes abondantes, mais différentes par leur espèce. Ainsi ils ont des *terres à froment*, des *terres à sainfoin*, des *terres à luzerne* où *à trèfle*. Toutes ces expressions dont se sert le cultivateur et qui dans sa pensée expriment bien une certaine valeur, ne sauraient être considérées comme une classification.

La première classification du sol est due à Varson. Il divisait les terres en :

1° Crayeuses ;
2° Sablonneuses ;
3° Argileuses ;
4° Graveleuses ;
5° Ocreuses ;
6° Charbonneuses.

Ce premier système, qui était en partie basé sur la nature minérale du sol, fut modifié par Chaptal, dont la méthode fut adoptée par Thaer. Depuis cette époque, bon nombre de classifications ont été faites, bon nombre de tableaux ont été dressés, ayant pour but de représenter toutes les variétés de sol, qui peuvent donner idée de tous les

mélanges qui composent les divers terrains en culture.

Je ne puis énumérer toutes ces classifications,
parce qu'elles ne m'ont pas paru d'une grande utilité pour la pratique. Elles varient avec chaque au-
teur, suivant le point de vue auquel il s'est placé.
Mais il faut avouer aussi qu'une classification complète paraît assez difficile, si même la diversité des
éléments du sol ne la rend pas impossible.

Je m'en tiendrai donc aux quatre grandes classes
que j'appellerai naturelles, puisque comme nous
allons le voir, elles ont pour base la prédominance des quatre principaux éléments nécessaires,
et qui sont, comme nous le savons : l'argile, le
sable, le calcaire et l'humus. Nous diviserons donc
le sol en quatre grandes classes et nous aurons :

1° Les sols argileux, caractérisés par la prédominance de l'argile ;

2° Les sols sableux, où prédomine le sable ;

3° Les sols calcaires, où prédomine le calcaire ;

4° Les sols humeux ou humifères, caractérisés par
la prédominance de l'humus.

Nous avons maintenant à examiner les propriétés
de chacune de ces classes , les travaux que nécessitent les sols et les cultures qui leur conviennent le
mieux.

CHAPITRE VII.

Terres argileuses.

Travaux qu'elles exigent. — Récoltes qui leur conviennent le mieux.

Terres sableuses.

Récoltes qu'on peut en obtenir.

Nous connaissons les difficultés qu'éprouve la science à établir une classification des sols qui réponde convenablement à toutes les variétés de la terre cultivable. Nous en avons donné une, quoique imparfaite encore, qui est simple et basée sur la prédominance des éléments naturels nécessaires aux sols, propres à la culture. Ces éléments étant les suivants : Argile, Sable, Calcaire, Humus, nous aurions alors :

1º Des terres argileuses ;
2º Des terres sableuses ;
3º Des terres calcaires ;
4º Des terres humeuses ou humifères.

Rentrant maintenant dans les faits de la culture pratique, nous avons à examiner les caractères qui pourront les faire reconnaître au praticien, les travaux qu'elles nécessitent et les cultures qui paraissent être pour elles les plus avantageuses.

Terres argileuses.

Dans cette classe nous rangerons les terres dans lesquelles l'argile prédomine, en les considérant à un point de vue général. Le laboureur les reconnaîtra aux caractères suivants :

Elles sont d'abord plus ou moins colorées en brun, jaune ou rouge, ce qu'elles doivent à la présence des oxides de fer qu'elles contiennent en quantités variables et à des degrés d'oxidation différents.

Elles ont l'odeur et la saveur des argiles, elles *happent* à la langue, elles ont beaucoup de tenacité et de compacité ; aussi quand on les prend dans la main et qu'on les comprime, elles se prennent en masse, tout en conservant la forme qu'elles ont acquise.

Dans les grandes chaleurs elles se fendillent et se crevassent.

Après les pluies, les terres argileuses adhèrent fortement aux pieds, ainsi qu'à tous les instruments aratoires.

Si les pluies viennent à durer quelques jours, elles ne tardent point à se couvrir d'eau.

Les labours les détachent en mottes consistantes qui gardent longtemps leur forme dernière.

La végétation naturelle et spontanée qui se développe sur le sol, étant encore un bon indice pour en caractériser la nature, le cultivateur qui possédera quelques connaissances des plantes pourra les utiliser, pour déterminer la nature de son sol. Parmi les végétaux qui croissent spontanément sur les sols argileux, nous avons :

Le tussilage ou pas-d'âne,
L'yèble ou petit sureau,
La chicorée sauvage,
La gesse tubéreuse ou moinsine.

Ces plantes sont celles qui dans nos climats croissent naturellement sur les sols argileux et peuvent servir à les faire reconnaître.

L'ensemble des caractères que je viens de décrire serviront au praticien à reconnaître les sols argileux et lui feront comprendre facilement que ces caractères seront d'autant plus prononcés que la proportion d'argile qu'ils contiendront sera plus considérable. Lorsqu'un sol contient plus de 85 o/o de son poids d'argile, il est tout à fait impropre à la culture, et les frais que nécessiterait la mise en culture de pareilles terres surpasseraient la valeur des produits qu'on en pourrait retirer. Ces terres ne peuvent guère servir qu'à la fabrication des poteries ; mais elles pourront cependant être utilisées avec avantage pour augmenter la tenacité des sols sablonneux.

Travaux qu'exigent les terres argileuses.

De toutes les terres en culture, ce sont les terres argileuses qui exigent le plus de travaux. Un des moyens les plus efficaces pour les rendre productives est d'exécuter de fréquents et profonds labours. On dit que sur ces sols *labour vaut fumier*. Les labours, en effet, divisent ces sols, facilitent leur dessiccation, les aèrent et accélèrent la décomposition des engrais, dont ils ont besoin d'être saturés pour devenir fertiles. Leur tenacité fait que les travaux qu'ils réclament exigent plus de force et des temps plus propices. Les labours qui paraissent leur être le plus profitables sont ceux qu'on peut exécuter avant l'hiver, de manière à ce que les grosses mottes que forme le labourage de ces terres, exposées aux alternatives de la pluie et de la gelée, puissent se diviser, en se délitant à la manière de la marne. Si, malgré l'hiver, ces mottes n'ont pu être divisées, on est obligé pour les briser de recourir aux instruments aratoires les plus puissants, tels que les herses les plus fortes, les rouleaux à pointes ; et même quelquefois l'emploi de ces moyens ne pouvant suffire, on a recours à des travaux manuels, par exemple : le broiement de ces mottes avec un maillet. Puisque ces sols sont peu perméables et que quelques jours de pluie suffisent pour qu'ils se recouvrent d'eau, qui, restant stagnante à leur surface, nuit ainsi au développement des récoltes, il sera toujours prudent pour le cultivateur d'avoir recours aux travaux d'assainissement : rigoles, fossés, drainage, etc., moyens qui, tout en retirant l'eau surabondante du sol, exercent une action si bienfaisante sur les moissons. Pour faciliter la culture de pareilles terres, le cultivateur a besoin de recourir aux amendements, et tous les amendements qui pourront diviser les terres, les rendre plus perméables aux agents atmosphériques, leur seront applicables. Le praticien obtiendra sur ces sols de bons résultats par l'emploi du sable, des graviers, des vieux platras, des marnes calcaires, de la chaux et des cendres.

Les expériences de M. Drappier, que j'ai citées chapitre II, page 26, ne justifient-elles pas l'emploi de pareils moyens pratiques? Le cultivateur enfin qui n'aurait pas la force ou la possibilité d'amender ou d'assainir ses terres, n'a pas autre chose à faire, pour en tirer parti, que de les boiser. De tous les sols, ce sont les argileux qui absorbent le mieux les engrais; ils les emmagasinent en quelque sorte et ne les abandonnent aux récoltes que lorsqu'ils en sont saturés. De là vient que toute terre argileuse entre les mains d'un bon cultivateur représente toujours

un capital engrais, dont on doit tenir compte. Les
engrais qui conviendront le mieux aux terres argileuses sont ceux qui, tout en fournissant les éléments
nécessaires aux récoltes, pourront soulever le sol et
l'aérer, tels que les fumiers pailleux, ceux surtout
qui proviennent des litières, ou bien l'enfouissement
des récoltes en vert qui produit de très-bons résultats.

Récoltes qui conviennent le mieux aux terres argileuses.

L'ensemencement de ces terres exige d'abord un
temps propice, car si le cultivateur ensemençait
des terres fortement argileuses lorsqu'elles sont dé-
trempées, les graines se trouveraient enveloppées
par une pâte argileuse, au sein de laquelle l'air, ne
pouvant pénétrer la graine, ne germerait pas. Les
récoltes faites sur ces sols sont tardives et les produits obtenus ont, en général, moins bon goût que
ceux des terres ameublies et sablonneuses. Les
pâturages et les prairies artificielles qu'on y développe sont peu succulents et aqueux, les légumes et
les racines n'ont pas de saveur; les pommes-de-
terre sont aqueuses, n'ont point un goût agréable
et manquent de fécule. Ces terres sont peu propres
à la culture des grains de printemps, de l'orge, de
l'avoine et du seigle. La culture des fèves et des
choux y prospère très-bien au contraire. Mais, lors-

que ces terres sont suffisamment calcaires, elles donnent d'abondantes récoltes de trèfle et de froment d'automne ; on les désigne pour cela quelquefois sous le nom de terres à froment.

Tout ce que je viens de dire s'applique, en général, aux sols argileux que les praticiens désignent sous le nom de *terres fortes*. De toutes les terres en culture, ce sont celles qui exigent du praticien le plus de soin, le plus de travail, le plus de force, et par cela même le plus de dépenses, lorsqu'on veut qu'elles soient convenablement faites.

Mais toutes les terres argileuses, fort heureusement, n'offrent pas ces inconvénients au même degré ; car on comprend de suite que tous les défauts que nous trouvons à ces terres viennent de l'argile. Or, cette matière, tout en restant l'élément prédominant d'un sol, peut n'être pas partout dans la même proportion et être accompagnée par d'autres corps, qui, tout en corrigeant les défauts de l'argile, pourront être une cause toute naturelle de l'amélioration du sol.

Il est facile de comprendre de suite combien une classification complète des sols devient difficile, car nous allons être obligé d'établir des variétés dans les sols argileux.

Si dans un sol, où l'élément argile restera prédominant, nous la trouvons associée avec une notable quantité de sable calcaire, nous désignerons ce sol sous le nom d'*argilo-calcaire*.

Si dans un autre terrain nous trouvons l'argile associée à une quantité notable de calcaire à l'état de division infinie, c'est-à-dire à l'état de marnes, nous désignerons ce terrain sous le nom d'*argile marneuse*.

Si dans un sol nous la trouvons associée à une notable quantité de sable, nous aurons les *argiles sableuses*.

Enfin, si nous trouvons l'argile associée à une proportion notable d'oxide de fer, un pareil mélange nous fournira les terrains *argilo-ferrugineux*.

Maintenant nous allons dire un mot sur chacune de ces divisions.

Les sols argilo-calcaires sont donc les terres qui contiennent, associées à l'argile restant l'élément prédominant, une quantité notable de calcaire, mais à l'état de sable calcaire. Ces sols ont beaucoup d'analogie, pour la facilité de la culture, avec les *argiles sableuses* et les terres franches. Elles se prêtent très-bien à la culture des prairies artificielles et particulièrement du *sainfoin*.

Les *argiles marneuses* sont les terres où l'argile se trouve associée avec une quantité notable de calcaire à l'état de marne. Ces terres, tout en offrant moins de difficultés pour le travail, présenten encore de graves inconvénients à la culture. Elles sont généralement froides, ce qui tient à deux causes : la facilité avec laquelle elles retiennent l'eau, et leur couleur blanchâtre qui, réfléchissant les rayons du soleil, les empêche de s'échauffer et de se dessécher. Les plantes qui peuvent y réussir sont le blé, le sarrasin, les vesces, et, dans les années sèches, nous les voyons fournir d'assez bons produits. Mais, dans les années humides, les récoltes qu'elles nous donnent sont des plus médiocres. Les bois et les pâturages sont ce qui leur convient le mieux.

Mais si ces terres forment de mauvais sols de production, elles peuvent, dans la pratique, rendre de grands services pour l'amélioration des sols sableux. Il arrive assez souvent que de mauvais sols de sable pur, presque improductifs, reposent sur une argile marneuse. Le cultivateur, en défonçant ce sous-sol, trouve un moyen d'améliorer sa terre, puisqu'il obtient, en mélangeant le sous-sol avec la surface cultivée, un composé d'argile, de sable, de calcaire, qui forme avant tout la base de tout sol propre à la culture.

Maintenant, si les argiles viennent à être associées avec la silice en proportion notable, elles forment les *argiles sableuses*. C'est dans cette classe que se trouvent les terres qu'on désigne sous le nom de *Boulbènes*.

Elles présentent les caractères suivants : tout en offrant encore un peu de résistance aux instruments aratoires, elles se travaillent beaucoup plus facilement que les terres argileuses; elles se tassent beaucoup moins par l'action des pluies.

Lorsque ces terres contiennent un peu de calcaire, elles sont très-propres à la culture des fourrages et des céréales.

Si maintenant la proportion du sable augmente encore et s'il s'y trouve une quantité notable de calcaire, nous arrivons aux terres qu'on désigne sous le nom de *terres franches*, désignées aussi par les Anglais *loams*, ou en français *limons*. Elles sont, en général, faciles à travailler, très-fertiles et propres à toutes les cultures, céréales, plantes fourragères et plantes industrielles, comme le colza, le houblon, la garance et le tabac. Les argiles associées avec de l'oxide de fer forment les terrains *argilo-ferrugineux*. La science constate bien que le fer en petite quantité est nécessaire à la production, mais lorsque les terrains argileux en contiennent trop et qu'ils acquiè-rent une couleur jaunâtre, ces sols deviennent tout-à-fait impropres à la culture.

Tels sont les caractères les plus importants et les variétés que peuvent présenter pour la pratique les sols argileux, c'est-à-dire les sols où prédomine l'argile ou la glaise.

Sols sableux ou siliceux.

Dans cette classe, nous rangerons les sols dans lesquels prédomine le sable. Ils vont nous offrir les caractères suivants qui sont entièrement opposés aux sols argileux.

Ils peuvent être diversement colorés, soit bruns soit jaunâtres ; quelques-uns sont tout-à-fait blancs et ressemblent au premier abord aux terres calcaires.

Ils n'ont aucune consistance, aucune tenacité. Quand on les presse dans les mains, ils ne se prennent point en masse et les différentes parties qui les constituent ne peuvent contracter qu'une faible adhérence.

Ils n'ont point d'odeur et ne happent point à la langue, ils sont très-perméables à l'eau, mais ils ne peuvent la retenir, à moins que la surface cultivable ne soit peu épaisse et que la couche placée au-dessous ne soit une couche d'argile. La chaleur les dessèche facilement, mais ne les durcit pas ; quand ils sont humides, ils ne contractent pas d'adhérence aux pieds et ne s'attachent point aux instruments aratoires, ce qui en rend le travail facile.

Après le labour ils restent en grains, sans adhérence. Les sillons s'affaissent et c'est à peine si l'on reconnaît la trace du labourage. — Ils ne peuvent former avec l'eau une pâte ductile comme les argiles ; aussi, même après quelques jours de pluie, ils se dessèchent rapidement.

Parmi les plantes qui s'y développent spontanément, nous citerons les suivantes :

La laiche des sables, — la spergule, — le roseau des sables, — le saule des sables, — l'orpin jaune, — l'orpin sagitté, — le réséda jaune, — les genêts.

Et parmi les arbres nous citerons :

Le bouleau, — le châtaignier commun, — le pin maritime.

Travaux que nécessitent les sols sableux.

La culture des sols sableux est facile et peu dispendieuse ; les particules qui les forment présentant peu d'adhérence entre elles, n'offrent qu'une faible résistance aux instruments aratoires. Les agents physiques de la nature en pénétrant facilement ces sols, les dessèchent et y détruisent rapidement les engrais. Aussi faut-il éviter d'y mutiplier les labours, il vaut beaucoup mieux y passer le rouleau compresseur, qui, tassant ces sols, donne un point d'appui aux semences et aux racines, et y maintient une humidité nécessaire. Cette opération en rétablissant les conduits capillaires qui font monter l'eau de la partie inférieure du sol dans la surface cultivée, s'oppose ainsi à leur dessiccation. Aussi nous avons vu qu'on disait pour les sols argileux, *labour vaut fumier* ; on peut dire pour les sols sableux, *roulage équivaut à un arrosage.*

Ces sols, en effet, se dessèchent avec tant de facilité que dans les climats secs et tempérés, ils sont toujours arides, s'il n'est pas possible de leur procurer par irrigation l'eau qu'ils perdent si facilement. Aussi voyons-nous la fertilité des sols sableux présenter des variantes considérables, suivant le climat sous lequel ils sont situés. Ainsi dans les contrées humides, là où les pluies sont fréquentes, nous les voyons donner des produits très-abondants, soit en fourrages, soit en céréales ou en racines. Ceci nous prouve qu'un des principaux besoins de ces sols, c'est l'eau que le cultivateur doit chercher à leur fournir par tous les moyens possibles, et surtout par les irrigations. Mais ce ne sont pas toujours des opérations praticables : aussi nous avons à rechercher s'il ne serait pas pour le cultivateur quelqu'autre moyen de maintenir, aux sols sableux, l'eau qui leur est si nécessaire.

L'on peut dans ce but employer avec succès des amendements faits avec les argiles marneuses.

Les engrais qui conviennent le mieux aux sables sont ceux qui leur fourniront beaucoup d'eau, tels sont les fumiers des bêtes à cornes, l'enfouissement des récoltes en vert, les fumiers de cour, qui tous peuvent aisément remplir ce but.

Si les terres sableuses reposent sur un sous-sol argileux, le cultivateur trouvera avantage à amender avec ce sous-sol la surface cultivée.

Récoltes qu'on peut en obtenir.

Si les sols sableux sont convenablement amendés et fumés, ils deviennent propres à la culture de toutes les espèces d'herbages et de grains. S'il est

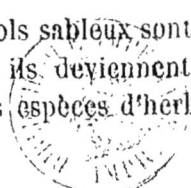

9

vrai qu'en général ils donnent des récoltes de blé
peu avantageuses, mais on les voit en retour
fournir de bonnes récoltes d'orge, de seigle et
d'avoine. Enfin une des cultures les plus productives dans ces terrains est la pomme-de-terre, qui
y fournit en abondance d'excellents produits.

Telles sont d'une manière générale les propriétés
des terrains sablonneux ; mais cette classe de sols
nous fournira aussi les variétés suivantes :

1° Sols de sable pur ;

2° Sols sablo-humifères ;

3° Terres quartzeuses ;

4° Terres granitiques ;

5° Terres volcaniques.

Un mot maintenant sur chacune de ces divisions :

1° *Les sols de sable pur* ne forment des surfaces
considérables que sur les bords de l'Océan, en donnant naissance à ce que l'on appelle les *Dunes*, qui
sont tout-à-fait incultes et dont le meilleur produit
consiste en pins dits maritimes.

2° *Les sols sablo-humifères ou terres de bruyères*
sont formés de sable associé à des proportions plus
ou moins considérables de terreau et d'humus, qui
provient de la décomposition des genêts, fougères,
bruyères. Les terres de bruyères conviennent parfaitement à certaines plantes de jardins, mais, en
grande culture, elles ne sauraient être utilisées que
pour la plantation des pins, et surtout des pins syl-

vestres. Toutefois, lorsque le sable contient en outre
de l'argile, on peut, à l'aide du calcaire, du noir
animal ou des phosphates fossiles, obtenir de bonnes
récoltes de seigle. La Sologne nous en offre un
exemple frappant.

3° *Terres quartzeuses, caillouteuses, graveleuses.*
Ces terres sont en grande partie formées de quartz
en fragments plus ou moins volumineux, elles sont
peu favorables à la culture, parce qu'il est difficile
de leur donner les façons nécessaires. Il n'y a guère
que les arbres et les arbustes à longues racines qui
peuvent y prospérer. Pourtant, dans les terres caillouteuses ou graveleuses, c'est-à-dire là où les cailloux sont peu volumineux, on trouve des parties
où la vigne prospère très-bien, comme dans le midi
de la France. Sur les bords du Rhin on tire encore
un excellent parti de ces terres par l'irrigation ; on
peut alors les convertir en prairies.

4° *Terres granitiques.* Ce sont celles qui sont formées par la désagrégation des roches granitiques ;
elles sont presque toujours de qualité inférieure.
Pourtant, quelquefois, elles se trouvent mélangées
d'un sable argileux qui les rend susceptibles de donner de bons produits ; mais c'est l'exception. Les
seules plantes qu'il soit possible d'y cultiver sont le
seigle, le sarrasin, les pois et les pommes-de-
terre. Les châtaigniers y prospèrent très-bien ; la
vigne y réussit également, comme cela se voit dans
quelques parties de la Bourgogne.

5° *Terres volcaniques*. Elles sont formées par
l'éruption de volcans, la plupart éteints aujourd'hui.
Ces terres n'occupent que de petits espaces à la
surface du globe. Tantôt elles se présentent sous
forme de poussière diversement colorée, tantôt ce
sont des débris de pierre-ponce; ce sont en général
des terres fertiles, et cet avantage est dû à leur
richesse en alcalis. Lorsqu'à ces débris volcaniques
vient se joindre une quantité notable de matières
organiques, ce mélange acquiert une fertilité pro-
verbiale. Nous pouvons citer à l'appui de cette assertion les plaines si renommées de la Limagne
d'Auvergne, qui doivent leur formation à des débris
de terres volcaniques.

CHAPITRE VIII

Sols calcaires. — Sols crayeux, tufeux, marneux, humifères. — Travaux. Récoltes.

Dans cette classe, nous rangerons naturellement les sols où l'élément prédominant est le calcaire, ou carbonate de chaux. En examinant les propriétés physiques des matières minérales du sol, nous trouvons que par la majeure partie de ses propriétés le calcaire tient le milieu entre l'argile et le sable. Aussi par leurs propriétés, les sols calcaires tiennent-ils le milieu entre les sols argileux et les sols sablonneux.

Ils ont en général une couleur blanchâtre, qui devient préjudiciable aux récoltes, car nous avons vu que les surfaces blanches ont beaucoup de peine à s'échauffer et qu'elles réfléchissent, au contraire,

9.

les rayons calorifiques du soleil. Les sols calcaires
sont donc rebelles à l'action de la chaleur. Les récoltes qu'on en obtient, y sont par cela même généralement tardives. Cette propriété de réfléchir les
rayons calorifiques du soleil font qu'elles présentent
encore dans la pratique un inconvénient sérieux.
Pendant les chaleurs de l'été, les rayons du soleil
peuvent, par réverbération, brûler les parties des
plantes qui sont exposées à l'air. Les sols calcaires
sont peu tenaces ; cependant quand on les comprime
dans la main, ils peuvent se prendre en une masse
qui ne tarde pas à se désagréger.

Quand ils sont humides, ils s'attachent aux pieds,
aux instruments aratoires ; mais cette adhérence est
de courte durée. Après les pluies ils donnent naissance à une boue blanchâtre, mais qui se sèche très-
facilement.

Nous avons vu qu'après le labourage, les sols argileux restaient en mottes compactes et que les sols
sablonneux restaient sans adhérence ; les terres
calcaires présentent après le labourage un état qui
tient le milieu entre les terres argileuses et les terres
sablonneuses.

Les gelées ont sur ces sols une action très-défa-
vorable. Elles les soulèvent et produisent le dé-
chaussement des racines, ce qui quelquefois peut
entraîner la mort des végétaux. Les sols calcaires
sont en général peu productifs et consomment ra-

pidement les engrais; de là le nom de *sols brûlants,*
sous lequel on les désigne.

Cette propriété de détruire rapidement les engrais et qui est inhérente au calcaire, le laboureur
doit en tenir bonne note; car elle lui indique après
un chaulage ou un marnage, la nécessité de bonnes
fumures.

Les plantes qui croissent naturellement et
spontanément sur les sols calcaires, sont les suivantes :

Germandrée ou petit chêne.

Potentille printanière.

Coquelicot ou ponceau.

Arrête-bœuf.

Chardons.

Et parmi les arbres qui y prospèrent très-bien :

Le Frêne.

Le Noisetier.

Enfin, comme dernier caractère, ils produisent
une vive effervescence avec les acides, et sont presque entièrement solubles dans l'acide acétique ou
vinaigre, l'acide hydrochlorique et l'acide nitrique.

Travaux à exécuter.

Parmi les travaux ordinaires de la culture, les
sols calcaires n'en exigent point de saillants. Dans
le but de les améliorer, Oscar Leclerc Thonin, in-

dique un moyen que la pratique pourra employer avec succès, lorsque ces sols se trouveront dans certaines conditions, par exemple, le long des chemins d'exploitation. On fait à l'extrémité du champ, du côté du chemin, des fossés ou des rigoles, de sorte que pendant les pluies, les bonnes terres du chemin se trouvent entraînées dans les rigoles ou fossés, et en mélangeant ces terres avec des fumiers, on arrive à former de bons composts qui, rejetés sur ces champs calcaires, pourront en augmenter la fertilité.

Pour devenir productifs, ils exigent des quantités considérables d'engrais, et parmi ceux qui pourront le mieux leur convenir, citons les engrais froids ; c'est-à-dire ceux dont la décomposition est difficile et lente, tels que les déchets de laines, les tontisses de drap, les cornes ; enfin parmi les fumiers, celui des bêtes bovines.

Récoltes qui leur conviennent le mieux.

Parmi les plantes dont la culture est la plus profitable, se trouve le sainfoin. Lorsque ces sols sont bien fumés, ils donnent d'abondantes récoltes de cette plante fourragère. Les versants des coteaux calcaires dont la pente s'oppose aux travaux agricoles, doivent être consacrés à l'entretien de prairies naturelles, qui pourront servir de pâturages aux bestiaux. Les points les plus élevés de ces versants doivent être plantés en arbres appropriés à la nature du sol, tels que l'arbre de Ste-Lucie, le merisier, le frêne, le noisetier et le vernis du Japon.

Tels sont, d'une manière générale, les caractères et les propriétés de ces sols. Les variétés qu'ils peuvent offrir sont les suivantes :

Sols crayeux. — Sols tufeux. — Sols marneux.

Sols crayeux.

Les sols crayeux sont ceux qui contiennent le calcaire à l'état de craie. Ils se trouvent particulièrement dans la Champagne, dans la Haute-Normandie, dans la Touraine. La fertilité des sols crayeux est très-variable et dépend entièrement de la nature du sous-sol. Si le sous-sol est perméable comme dans cette partie de la Champagne qu'on désignait jadis sous le nom de *Champagne pouilleuse*, on a des sols très-arides et infertiles. Dans cet état les cultures qui leur conviennent le mieux sont la vigne, les bois, et les pâturages pour les moutons. Mais malgré cela ces sols peuvent très-bien s'améliorer par le travail et par l'addition d'engrais froids, tels que déchets de laine, tontisses de drap, et aujourd'hui, grâce à la vigilance du paysan champenois et à l'emploi bien dirigé de pareils engrais, la Champagne pouilleuse n'existe plus que de nom.

Si, au contraire, le sous-sol des terrains crayeux est imperméable, c'est-à-dire argileux, état dans lequel ils se trouvent dans la Touraine, ils peuvent devenir très-productifs par la culture des plantes fourragères *sainfoin* et *minette*, qui donnent de bonnes récoltes, permettent au cultivateur de nourrir un nombreux bétail, et procurent en même temps de grandes quantités de fumier.

Sols tufeux.

Les sols tufeux sont ceux qui sont formés par un calcaire plus compacte que la craie, qui est même assez dur pour être employé en construction et que l'on désigne sous le nom vulgaire de *tuf*.

Quand le tuf forme la superficie du sol, il rend la terre infertile, mais lorsqu'il a été désagrégé et mélangé avec un peu d'argile et de sable, il peut, avec de bonnes fumures, donner d'assez bonnes récoltes de sainfoin, mais de maigres récoltes de céréales. Si le climat est favorable à la vigne, c'est surtout cette plante qu'il faut y cultiver, car elle donnera d'abondants produits.

Sols marneux.

Les marnes quelquefois forment la surface de certains sols, mais dès lors les terres ne sont pas fertiles. Si elles contenaient une certaine quantité d'argile et de sable, elles rentreraient dans la variété des sols argileux que nous avons étudiés sous le nom d'*argiles marneuses*. Mais si au contraire l'élément calcaire prédomine, le meilleur parti que le cultivateur puisse en tirer, c'est de les transporter sur les terres qu'il a besoin de marner. Là, comme nous le verrons plus tard, la marne lui rendra d'importants services que nous tâcherons d'établir lorsque nous nous occuperons du marnage des terres.

Sols humifères.

Dans cette classe nous placerons les sols qui recèlent une quantité considérable de matières organiques, lesquelles, par leur nature et le milieu dans lequel elles se décomposent, fournissent un terreau, bien différent, par ses propriétés, de celui que nous avons désigné sous le nom d'humus. Tels sont les terres tourbeuses et les terrains marécageux.

Les terrains tourbeux se reconnaissent facilement à leur couleur brun-foncé, ils sont spongieux, élastiques, et un œil exercé reconnaît très-bien dans leur masse les détritus végétaux qui ont servi à leur formation.

Ces sols sont formés par la décomposition incomplète de nombreux végétaux, décomposition qui a eu lieu sous l'eau. Au premier abord, ils sembleraient, par leur origine, devoir renfermer tous les éléments nécessaires à la nutrition des récoltes :

mais il n'en est pas ainsi, et lorsqu'ils forment une couche importante, il y a plus d'avantage à les exploiter comme combustible que de les mettre en culture. La tourbe, en effet, forme une variété particulière d'humus provenant de la décomposition de nombreux végétaux aquatiques dont les principaux sont les suivants :

Utricules, — Conferves, — Prêles, Carexs, — Callitriches et Lenticules.

Or ces végétaux pour se développer n'ont d'abord pas besoin des mêmes aliments que les plantes usuelles, ils ne sauraient donc fournir un humus représentant les besoins complets de nos récoltes. C'est ce que justifie l'analyse suivante due à M. Bobierre sur la tourbe de Montoire, près Nantes. Sur 100 parties elle contient :

Matières organiques...............	83	20
Sels solubles....................	1	51
Carbonate et sulfate de chaux......	2	69
Oxides de fer, manganèse, alumine..	4	94
Silice	6	86
Pertes.........................	0	80
	100	00

Les tourbes sont donc très-riches en matières organiques, mais, parmi les substances minérales qu'elles contiennent, nous ne trouvons pas les corps qui sont profitables aux récoltes, notamment le phosphate de chaux, si nécessaire à la formation des graines. Elles ne satisferaient donc point aux besoins des plantes usuelles.

Mais il y a plus : c'est que, comme elles ne contiennent que des traces de calcaire et peu d'alcalis, les acides tannique et acétique, qui se forment pendant la décomposition incomplète des plantes qui font la tourbe, leur communiquent des propriétés acides qui les rendraient impropres à la production, à moins que quelques amendements ne vinssent à en modifier la nature.

Le meilleur parti à tirer des terrains tourbeux sera d'abord, lorsqu'il y aura possibilité de le faire, de les exploiter comme combustible, ensuite de les cultiver en détruisant leur acidité par les engrais.

Lorsque le cultivateur voudra transformer les terrains tourbeux en terres de rapport, il faudra, avant tout, parer aux inconvénients qu'ils présentent et qui sont les suivants : humidité et acidité nuisibles à la végétation. On peut venir à bout de faire disparaître l'humidité au moyen de tranchées profondes et multipliées, ou bien au moyen du drainage. Si l'on veut détruire l'acidité, on fait, pendant deux années, des labourages profonds et par un temps chaud. Par ce moyen on en facilite déjà le dessèchement et on favorise l'action de l'air ; la fermentation jusqu'alors incomplète se rétablit et les acides tannique et acétique que contiennent les tourbes peuvent se transformer en acide carbonique qui n'est plus nuisible. On peut encore, après avoir

10

débarrassé les terrains tourbeux de leur excès d'humidité, les lever par plaques épaisses, les faire sécher, les disposer par petits tas et y mettre le feu, opération connue sous le nom d'*écobuage*. Les cendres qui proviennent de cette combustion sont ensuite répandues le plus uniformément possible sur le sol et on les enterre par le labourage. Mais tous ces moyens pratiques sont assez longs et il en est quelques autres plus expéditifs et meilleurs. Ainsi l'on peut les assainir et les amender ensuite au moyen de sables ou de graviers; mais ce qui est bien préférable encore, c'est d'y ajouter des cendres et par-dessus tout d'y pratiquer le *chaulage* et le *marnage*. Les sols tourbeux ainsi travaillés et amendés forment des terrains légers qui peuvent, quand ils sont bien fumés, produire d'assez bonnes récoltes d'orge, de seigle et d'avoine. La culture du trèfle rouge et blanc y réussit également.

Les Ecossais tirent un assez bon parti des terrains tourbeux par le procédé suivant : ils les convertissent en prairies qu'ils ne fauchent qu'une seule fois, et ils laissent pourrir sur pied l'herbe de la seconde pousse, ce qui enrichit annuellement le sol.

C'est ainsi qu'ils ont transformé en prairies de foin toujours renaissant certains terrains tourbeux qu'ils avaient à cultiver.

Avant de quitter ce sujet, il est un point important sur lequel je veux appeler l'attention des cultivateurs, c'est l'utilité qu'ils pourront, dans la pratique, tirer de l'emploi de la tourbe ou des terres tourbeuses, lorsqu'ils pourront s'en procurer facilement.

Tous les praticiens savent bien que l'humus est un des corps les plus nécessaires à la fertilité du sol ; or les tourbes présentent un moyen très-facile de fournir ce corps en abondance, lorsqu'on a détruit son acidité qui le rendait improductif. Pour arriver à ce résultat, il suffit de se servir des tourbes, comme corps absorbants de liquides fertiles, tels que les urines, les purins, le sang, les eaux de lessives. On peut encore, pour obtenir le même résultat, les mélanger avec la masse du fumier, s'en servir en en mettant une couche dans les étables, dans les fosses à fumiers, dans les parties concaves des cours où le cultivateur dépose ses fumiers. De pareilles opérations, tout en pouvant absorber des liquides encombrants, détruisent l'acidité de la tourbe, la transforment en humus doux et viennent ainsi augmenter d'une manière utile la masse du fumier, de ce précieux élément de fertilité dont le cultivateur n'a jamais assez.

Sols marécageux.

Ces terrains sont recouverts d'eau pendant une partie de l'année. Les plantes qui s'y développent sont :

La châtaigne d'eau, — les laîches, — les souchets,
— les nénuphars, — les menianthes, — le butome
ou jonc fleuri, — le plantain d'eau , — la salicaire.

Quand ils demeurent constamment couverts
d'eau , il n'est guère possible d'y développer des
cultures. Si , au contraire , ils se dessèchent de
bonne heure, ils peuvent alors donner naissance à
de mauvais foins mélangés le plus souvent de plantes aquatiques.

Le meilleur parti qu'on en puisse tirer est de les
planter en bois qui aiment les sols humides, tels
que saules, peupliers, aulnes, oseraies. Ces arbres,
en se développant , peuvent déjà donner un produit ; mais ils offrent un autre avantage, ils détruisent l'insalubrité que peuvent causer pour les habitations les miasmes insalubres qui se dégagent de
ces terrains marécageux. Il arrive quelquefois que
de pareils terrains transformés en cultures deviennent très-productifs , c'est lorsque le sol qui les
forme contient du calcaire et qu'il a été enrichi par
les détritus organiques animaux ou végétaux qui
vivaient dans ces marais. A l'appui , je citerai les
marais ou *palus* des environs de Vaucluse.

Telles sont les propriétés les plus générales des
sols qui appartiennent à la classification que j'ai
admise. Toute incomplète qu'elle soit, elle est simple , naturelle et répond aux besoins les plus ordinaires de l'agriculture. Elle n'a pas l'inconvénient

de fatiguer l'intelligence des praticiens par des noms scientifiques qu'ils ne comprennent pas et qui sont difficiles à retenir.

Moyens de les fertiliser.

En retenant tout ce que nous avons vu jusqu'à ce jour, il nous est facile de comprendre que la fertilité du sol dépend de causes diverses, parmi lesquelles se trouvent :

1° Sa composition chimique;

2° Ses propriétés physiques;

3° La profondeur de sa couche arable et sa facile perméabilité.

Dans la nature, il est bien rare que toutes ces conditions se trouvent remplies d'une manière avantageuse, tant la composition du sol est variable.

L'état physique des éléments qui le constituent est si différent, la profondeur de la couche arable change si souvent, qu'il est bien rare que le cultivateur n'ait pas d'abord quelques moyens à employer pour augmenter la fécondité qu'il exploite, ou bien pour mettre en rapport les sols incultes.

Il y a d'abord plusieurs moyens généraux d'améliorer les sols en culture et de les rendre aussi fertiles que possible.

1° Les opérations mécaniques qui les ameublissent et les aèrent; ce sont les travaux annuels du

10.

cultivateur, tels que labourages, binages, hersages, etc.

2° Les amendements, c'est-à-dire addition de matières qui, quelquefois, serviront d'aliment aux récoltes; mais qui, le plus ordinairement, ont pour but de modifier les qualités physiques des sols, les rendre ainsi plus aptes au développement de la végétation. Tels sont le chaulage, le marnage.

3° Les engrais, c'est-à-dire une addition de substances qui pourvoient aux besoins des récoltes en remplaçant les éléments du sol enlevés par les récoltes précédentes.

4° Les opérations destinées à fournir ou maintenir au sol une humidité convenable : drainage, irrigations, dessèchement.

Tels sont les procédés que peut employer le cultivateur pour améliorer les sols en culture. Quant à ceux qui sont incultes, avant l'application de ces différents procédés, ils exigent avant tout un travail particulier, qu'on désigne sous le nom de *défrichements*, et l'addition d'éléments généralement fertiles qu'ils ne contiennent pas. C'est ce que nous verrons dans la suite de nos études.

CHAPITRE IX.

Du Labourage. — Du Labour à la bêche, à la fourche, à la houe et à la charrue.

Nous voici maintenant parvenu aux opérations qui ont pour but d'ameublir le sol et de l'aérer.

Parmi les propriétés que doit présenter le sol arable, pour donner au cultivateur des produits abondants, il n'en est guère de plus importantes que son ameublissement et son aération. La pratique nous apprend, en effet, que dans une terre dure et compacte, les graines germent difficilement, et en admettant même que la germination, cette première phase de la vie végétale, ne soit pas gênée, la petite racine qui apparaît bientôt et qui doit fournir la nourriture indispensable à la jeune plante, ne tarde pas à s'allonger et à se ramifier. Or, si le sol n'est pas suffisamment perméable, il s'oppose au développement de cette jeune racine ; en outre, le milieu dans lequel la plante peut prendre sa nourriture se trouve restreint, et, par cela même, elle a plus de difficultés à se procurer les éléments nécessaires à son parfait développement. Enfin l'ameublissement du sol permet à l'air de circuler facilement dans la couche arable. Or, l'air est tout aussi nécessaire aux racines qu'aux parties foliacées du végétal, puisque c'est lui qui, par l'un de ses éléments, l'oxigène, transforme, prépare les matières de toute nature du sol et, les amenant à l'état de dissolution, formera la sève, ce suc nourricier de toutes les plantes.

Ceci doit justifier à nos yeux la nécessité d'ameublir le sol ; pour obtenir ce résultat, le cultivateur a recours aux opérations suivantes : labours, hersages, roulages et binages.

Des labours.

Le but fondamental des labours est l'ameublissement du sol et son aération. Mais à ce résultat important viennent encore s'en ajouter quelques autres, tels que la destruction des plantes nuisibles, l'enfouissement facile des engrais et des amendements, une répartition uniforme des eaux pluviales dans la surface cultivée, enfin, la possibilité de mélanger, quand cela peut être utile, une partie ordinaire du sous-sol avec la surface en culture. Dans le labourage lorsque la charrue entame le sol, elle le divise d'abord en tranches plus ou moins épaisses et plus ou moins larges. Ensuite elle en opère le renversement, de telle sorte qu'elle ramène à la surface des couches de terre qui depuis longtemps n'ont point subi l'heureuse influence du contact de l'air. Au contraire, les couches superficielles imprégnées des gaz fertilisants de l'atmosphère, viennent toucher le fond du sillon tracé par la charrue et se trouveront plus tard en contact avec les racines des végétaux qui formeront les récoltes. Telles sont les conditions d'un bon labourage ; mais elles ne sont pas toujours exactement remplies. Les obstacles naturels du sol s'y opposent quelquefois ; en outre l'inhabileté des hommes et l'imperfection des instruments font souvent que le labourage est plus défectueux qu'il ne devrait l'être.

Les instruments divers employés pour donner aux sols les façons, qu'on désigne sous le nom générique de *labours*, sont la bêche, la fourche, la houe et la charrue.

Je vais ici examiner d'une manière générale le travail obtenu avec chacun de ces instruments, sans entrer dans les détails de toutes les formes qu'on leur a données, formes qui du reste varient suivant les localités, suivant la nature des sols et suivant le genre du travail que l'on veut obtenir.

Labour à la bêche.

La bêche est plutôt un instrument de jardinier
que de laboureur ; cependant nous la voyons figurer
parmi les instruments d'agriculture, là où la propriété est morcelée et où règne la petite culture.
C'est qu'en effet le petit cultivateur, privé des ressources nécessaires pour employer des instruments
exigeant des forces puissantes, se sert de la bêche
pour donner les façons à sa terre. Du reste, parmi
les instruments destinés à ameublir le sol, il n'en
est pas qui donne de résultat plus complet que la
bêche. La bande de terre qu'elle entame, au lieu
d'être continue, comme elle l'est avec la charrue, se
trouve bien détachée, soulevée et entièrement retournée. On parvient ainsi à obtenir la perfection
désirable et le travail répond à tous les besoins d'un
bon labourage. Mais ce travail, s'il est parfait, est
beaucoup plus lent et plus coûteux que celui de la
charrue, et quand bien même il offrirait à la grande
culture un bénéfice net considérable, elle ne saurait
néanmoins y avoir recours.

En premier lieu, c'est qu'elle aurait de la peine
à suffire aux avances que nécessiterait un pareil
travail et encore parce qu'il lui serait impossible de
pouvoir disposer d'un nombre de bras suffisant, surtout dans les localités où dominent les cultures
étendues. La bêche se compose d'un fer ou lame, de

forme et de dimension variables, tranchant à sa
partie inférieure ; il est fixé à un manche en bois,
droit ou courbe, qui varie de longueur, mais qui,
d'une manière générale, ne doit pas dépasser en
hauteur l'aisselle du bras de l'ouvrier. Pour se servir de la bêche, l'ouvrier la saisit des deux mains,
dont il appuie l'une sur la partie supérieure du
manche, en glissant l'autre un peu plus bas. Pour
faire pénétrer la bêche dans le sol, il appuie un de
ses pieds sur l'arête de la lame en faisant agir le
poids de son corps. L'enfoncement de la bêche est
plus ou moins facile, ce qui dépend de la nature
du terrain. Lorsque la bêche est suffisamment en-
foncée, l'ouvrier agit sur l'extrémité du manche, qui
lui sert de levier, pour détacher la motte de terre,
qui est encore adhérente, il approche alors une de
ses mains de la lame de la bêche, soulève et retourne la motte de terre dans la tranchée ouverte
primitivement devant lui. Si c'est un labour d'hiver
que l'on a en vue, la motte de terre est laissée in-
tacte, les agents atmosphériques ayant le temps de
la diviser; si au contraire, le labour est fait en but
d'un ensemencement prochain, la motte retournée
est divisée avec le tranchant de la bêche.

Dans un labour fait à la bêche, on procède généralement comme il suit. A l'une des extrémités du
champ à labourer on commence une tranchée qui
reste ouverte.

La terre qui en sort est transportée à l'autre

extrémité du champ, où doit s'achever le travail.
Quand cette première tranchée est achevée dans
toute sa longueur, on en ouvre alors une autre pa-
rallèlement, et la terre qui en est extraite est retournée et sert à combler la première tranchée. On
continue ainsi jusqu'à la fin et la terre que l'on a eu
soin de placer à l'extrémité du champ sert à fermer
la dernière tranchée. L'ouvrier qui exécute ce travail doit avoir soin d'enfouir les plantes qui se trouvent à la surface du sol, de mettre de côté les
pierres et les racines qui peuvent être gênantes et
veiller, en même temps, à faire disparaître les inégalités de son terrain. C'est ainsi, qu'en petite
culture, on arrive à remplir toutes les conditions
d'un bon labour, mais dont l'exécution serait impra-
ticable dans une grande exploitation.

Labour à la fourche.

La fourche, que nous trouvons dans toutes les
fermes, où elle sert généralement à différents usages,
tels que le chargement du fumier sur les voitures
qui le conduisent aux champs, est aussi employée
par la petite culture seulement comme instrument
de labour. La fourche se compose d'un fer à deux
ou trois dents, assujetti à un manche en bois au
moyen d'une douille. Le labour de la terre au moyen
de la fourche s'exécute de la même manière qu'avec
la bêche, mais le travail obtenu est inférieur. Avec

la bêche, la motte de terre se trouve complètement retournée, ce qui ne peut exister d'une manière aussi complète avec la fourche. Pourtant cette dernière est préférée, lorsqu'il s'agit de labourer des terrains durcis ou très-caillouteux.

La fourche qui convient le mieux est celle à dents plates, mais, malgré cela, le travail qu'on peut en obtenir est trop lent, trop coûteux pour être utilisé par la grande culture.

Labour à la houe.

La houe est encore un instrument de labourage usité surtout pour la petite culture. L'agriculteur ne se sert guère de la houe que pour les défoncements ou pour opérer des labours sur des sols en pente où le travail de la charrue devient impossible. La houe, comme la bêche, est aussi formée d'une lame de fer et d'un manche assujetti au moyen d'une douille, seulement la lame, au lieu d'être placée dans le prolongement du manche, forme avec celui-ci un angle plus ou moins ouvert. La longueur du manche présente en moyenne un mètre de longueur ; mais la forme en est très-variable. Aussi nous voyons la houe porter différents noms, tels que *houe*, *pioche*, *pic*, *tournée*. Le maniement de la houe n'est pas le même que celui de la bêche ou de la fourche. Sa construction nous le fait voir de suite ; mais le travail ne s'exécute pas non plus de la même manière.

11

Dans le labour à la bêche l'ouvrier marche à reculons et il a la terre remuée devant lui. Dans le labour à la houe, au contraire, il marche en avant laissant derrière lui son guérêt. Le labour à la houe est moins complet que le labour à la bêche ou à la fourche, car la terre, au lieu d'être retournée, est simplement déplacée. Enfin, c'est encore un travail lent et coûteux que nous ne voyons guère exécuter dans nos climats que par la petite culture et par les ouvriers qui travaillent à la vigne.

Labour à la charrue.

Passons maintenant à l'examen des labours de grande culture, travaux qui s'exécutent au moyen de la charrue. La charrue est sans contredit l'instrument le plus utile et le plus précieux pour l'agriculture, car, bien que le travail qu'il donne soit moins perfectionné que celui qu'on obtient avec les instruments que nous venons d'examiner, il est néanmoins le seul praticable dans les grandes exploitations. En effet, une bonne charrue attelée de deux chevaux conduits par un laboureur habile, peut exécuter dans une journée la besogne que feraient vingt ou vingt-cinq travailleurs à la bêche. Ceci suffit pour nous démontrer la supériorité de cet instrument au point de vue de la promptitude du travail et de l'économie agricole.

L'usage de la charrue remonte à une époque trèsreculée. Assez simple dans sa structure primitive, comme nous le montre l'*araire* des anciens, qui s'éloigne peu de celui que nous retrouvons en usage dans le midi de la France, en Italie et en Afrique, nous voyons les pièces qui le forment subir certaines modifications et certaines additions. Les charrues actuellement en usage peuvent se rapporter aux quatre types suivants :

Charrues ou araires simples ;
Charrues composées ou à avant-trains ;
Charrues à tourne-oreilles ;
Charrues polysocs ou à plusieurs socs.

Nous n'examinerons pas ici ces différents systèmes de charrue ; comme en somme ils ne sont que des modifications de l'araire simple, nous allons seulement étudier ce dernier type avec soin.

Indiquons donc les parties qui le forment et tâchons d'en comprendre le mode d'action. Nous prendrons pour type l'araire perfectionné de Mathieu de Dombasle. Les différentes parties qui le forment sont le *coutre*, le *soc*, le *versoir*, *oreille* ou *épaule*. Ces trois parties forment les organes actifs de la charrue ; elles agissent en effet seules sur la bande de terre à détacher. Les parties accessoires sont le sep ou la *semelle*, le *régulateur*, l'*âge*, les *manches* ou *mancherons*. Telles sont les pièces qui composaient l'araire perfectionné de Dombasle.

Nous allons examiner chacune de ces parties.

Le *coutre*, que nous ne retrouvons pas dans

l'araire des anciens, est une espèce de couteau adapté sur l'âge même de la charrue. Il est destiné à couper perpendiculairement la terre ; la position qu'il occupe est celle-ci : sa pointe marche en avant et va frayer le chemin de la charrue. Il est, en outre, incliné dans le sens du mouvement de la charrue ; cette inclinaison est utile, elle favorise l'entrée dans le sol et en diminue la résistance, elle permet aussi au coutre de couper avec plus de facilité les racines qu'il rencontre, ainsi que d'écarter les pierres qui gêneraient son passage.

Le *soc* est l'âme de la charrue. Il est formé de deux parties : la *lame* ou *aile*, qui en est la partie tranchante, l'autre partie, qu'on appelle *douille* ou *souche*, sert à le fixer à la charrue. Il est tantôt en fonte, tantôt en fer, avec une pointe en acier, sa forme est à peu près celle d'un triangle-rectangle, dont l'hypoténuse, ou côté opposé à l'angle droit, forme le tranchant. Son but est le suivant : le *coutre*, qui marche en avant, coupe la terre perpendiculairement, le soc, au contraire, soulève horizontalement la bande de terre que le coutre a entamée.

En outre, dans une charrue bien construite, le soc ne doit pas seulement couper la bande de terre horizontalement, mais il doit encore la soulever, la conduire au versoir qui, comme nous allons le voir, va la retourner.

Le versoir, désigné aussi sous les noms *d'oreille* ou *épaule*, a pour fonction spéciale de retourner la

bande de terre, détachée du sol par la double action
du coutre et du soc, et dont ce dernier a commencé
le soulèvement. Cette partie de la charrue la distingue parfaitement des autres instruments aratoires,
car ils ne nous offrent rien qui puisse retourner
la terre détachée du sol. Le versoir est ordinairement
placé sur le côté droit de la charrue, il est maintenu
à l'aide de deux arcs-boutants, l'un placé sur *l'étançon* inférieur, l'autre placé sur *l'étançon* supérieur.
Dans le principe le versoir était formé par une planche droite et sous cette forme il ne pouvait que renverser la bande de terre sans la retourner. Aujour-
d'hui on fait le versoir en fer ou en fonte, la fonte
est préférable; elle est moins coûteuse et s'use
moins. On lui donne une forme contournée et il
résulte de cette disposition que la bande de terre
détachée horizontalement par le soc se lève sur le
versoir, subit un mouvement de torsion sur elle-
même, prend une position verticale et elle est ensuite renversée en pivotant sur ses deux arêtes. La
largeur du versoir doit être au moins égale à celle
du soc; car s'il en était autrement, la bande de
terre soulevée ne pourrait s'y adapter convenablement et dans certains cas le labour serait im-
parfait.

Tels sont les organes actifs de la charrue et le
rôle le plus important qu'ils semblent remplir. Les
autres parties, qui ne sont plus que des accessoires,
servent à en assurer et régler la marche, en mettant

toutes les parties qui forment la charrue en rapport avec la force qui doit lui imprimer le mouvement.

Le *sep* ou *semelle*, sert à assujettir les diverses pièces de la partie postérieure de la charrue. Il est en bois, en fonte, ou en fer. Par sa partie inférieure, il glisse dans le sillon tracé par la charrue, le côté droit appuyé sur le guéret, le côté gauche touchant la bande de terre qui n'est pas entamée. Le régulateur se fixe à la partie antérieure de l'âge, il a des formes très-variables et sert, comme son nom l'indique, à régler l'entrée de la charrue dans le sol. Il permet au laboureur d'obtenir à volonté des labours plus profonds ou plus larges. *L'âge* s'appelle aussi *haie*, *flèche* ou *perche*. C'est l'intermédiaire par lequel le corps de la charrue reçoit le mouvement qui la mettra en marche. Il sert de support au régulateur, au coutre et aux mancherons. On le construit soit en bois, soit en fer.

Les *mancherons* ou *manches* sont placés à la partie postérieure de l'âge. Quelquefois le mancheron est unique, comme dans les charrues belges ; en général les charrues françaises et anglaises en ont deux.

Les mancherons que le conducteur tient dans ses deux mains, lui permettent de diriger la charrue et de remédier aux dérangements qu'elle peut éprouver dans sa marche.

Telles sont les différentes pièces qui composent l'araire perfectionné de Dombasle. Son usage per-

met d'obtenir de très-bons labours ; mais son maniement exige de la part du laboureur un travail et une
attention continuels. C'est qu'en effet, quoiqu'elle
soit munie d'un bon régulateur, cette charrue est
sujette à éprouver dans sa marche des dérangements
qui viennent soit de la nature du sol, ou des pierres,
ou bien des racines que le soc peut rencontrer ; et
c'est le conducteur seul qui peut parer à ces dérangements.

Pour arriver à soustraire le laboureur à un travail parfois pénible, on a supprimé le régulateur,
puis on a ajouté à l'araire un avant-train monté sur
deux petites roues en fer. Cet avant-train, placé à la
partie antérieure de l'âge, donne de la fixité à la
charrue, en assure la marche, et le conducteur, pour
la diriger, n'a plus besoin de déployer autant de
force et d'attention.

L'araire perfectionné de Dombasle, muni d'un
avant-train, étant à peu près la charrue usitée dans
toutes les localités voisines, nous allons chercher à
en faire comprendre la marche.

CHAPITRE X.

Marche de la Charrue. — Divers labours: — superficiels, — ordinaires, — de défoncement. — Exécution des défoncements.

Nous supposerons le laboureur pourvu d'un bon attelage et d'une charrue réputée bonne, c'est-à-dire solide, facile à manier et construite pour exécuter un bon labourage avec le moins de tirage possible. Arrivé à une extrémité du champ, le conducteur met son attelage en marche et si maintenant nous suivons la charrue dans son mouvement de progression, il nous sera facile de constater les faits suivants : Par la double section du coutre et du soc, la charrue soulève une bande de terre qui vient se mouler sur le versoir, y subit un mouvement de torsion et arrive à son extrémité en pivotant sur ses deux arêtes ; là elle est renversée et retournée en laissant derrière elle un vide, que l'on désigne sous le nom de *raie* ou *sillon*.

A l'autre extrémité du champ de labour, le conducteur arrête son attelage, au moyen des mancherons, il renverse sa charrue sur le côté gauche, débarrasse le soc et le versoir de la terre, qui peut y être adhérente, au moyen d'un instrument qu'on désigne en Beauce sous le nom de *curette*. C'est qu'en effet la terre adhérente augmente un peu le tirage, en même temps qu'elle empêche la charrue de fonctionner régulièrement. Le conducteur fait ensuite tourner son attelage vers sa droite et recommence un autre sillon. Il nous est facile de voir que la bande de terre, détachée du sol, a pour limite de longueur celle du champ de labour. Mais son épaisseur et sa largeur peuvent varier ; quoique généralement les conditions de profondeur et de largeur du labourage soient réglées à l'avance, la charrue dans ses déviations accidentelles, pourrait faire modifier ces conditions, ce à quoi le conducteur doit remédier. C'est au moyen des mancherons qu'il obtient ce résultat; en les soulevant légèrement ou en appuyant dessus, il augmente ou diminue ainsi la profondeur du labourage,

En inclinant sur le côté droit, il élargit le labourage, qu'il peut diminuer en inclinant sur le mancheron gauche.

C'est ainsi que s'effectue le travail de la charrue. Quant à la direction la plus avantageuse à donner

au labour, on doit, d'une manière générale, la faire
dans la plus grande dimension du champ, de manière
à obtenir de longues raies, qui, en économisant le
nombre des tournées, donnent aussi une économie
de temps. Pourtant, si l'on a affaire à un sol imperméable, il est préférable de diriger le labour dans
le sens de la pente du champ, ce qui favorise l'écoulement des eaux. Un bon labour ordinaire doit présenter les caractères suivants : 1° une certaine profondeur du sillon, dont la moyenne peut se représenter par 18 à 22 centimètres ; 2° cette profondeur
doit être avec la largeur du labour, dans le rapport
de 2 à 3, c'est-à-dire que lorsque la profondeur du
labourage est de 20 centimètres, la largeur doit être
de 30 centimètres ; 3° un rayage bien droit et non
en crémaillère, et une surface uniforme; 4° enfin, la
bande de terre renversée doit présenter une inclinaison de 45 degrés. Quand la tranche de terre reste
trop droite, ou est complètement renversée, il y a
moins de facilité pour le hersage, en même temps
que la surface de la terre, qui doit subir l'influence
heureuse de l'atmosphère, est moins étendue. Nous
voyons qu'en remplissant ces conditions, le labourage répond bien au but que nous avons indiqué.
Il ameublit le sol, il détruit les mauvaises herbes, en
même temps que la partie superficielle du sol, exposée depuis un temps plus ou moins long, au contact
de l'air, s'enrichit par les gaz fertilisants de l'atmosphère et se trouve retournée de manière à pouvoir

être plus tard en rapport et en contact avec les racines des végétaux. Tandis que la partie inférieure
du sol ramenée à la surface vient subir à son tour
l'influence vivifiante de l'atmosphère, pour repren-
dre un jour la même place et fournir à d'autres récoltes les mêmes avantages.

Différentes espèces de Labours.

Quoique tous les labours effectués en agriculture
aient pour but principal l'ameublissement du sol,
nous les voyons pourtant présenter quelques différences pratiques, aussi bien dans leur profondeur que
dans leurs formes extérieures. Car quoique d'une manière générale, nous puissions dire que les labours
profonds augmentent la quantité des récoltes, il est
des sols où ces labours sont impossibles. L'état et la
nature du terrain peuvent s'y opposer, car nous pouvons supposer un sol qui n'ait que 15 centimètres
de terre végétale, reposant sur du sable ou bien sur
du calcaire, comme la Beauce nous en présente des
exemples fréquents. Un labour qui dépasserait cette
profondeur aurait pour but de ramener dans la terre
végétale des éléments, qui deviendraient plus nuisibles qu'utiles, si le sol en était déjà suffisamment
pourvu. La nature des récoltes qui doivent être confiées à la terre après le labour influe aussi d'une
manière notable sur la profondeur qu'il doit avoir.

Cela se conçoit facilement encore ; plus les racines de ces récoltes seront grandes, plus elles auront besoin pour se développer de rencontrer à une plus grande profondeur la terre ameublie. C'est ainsi que la luzerne exigerait, si cela était possible, un labourage d'un mètre environ.

Les carottes demanderaient un labour de 60 centimètres, la betterave un de 45 centimètres et les raves et les navets en exigeraient un de 30 centimètres; tandis que les céréales peuvent se contenter d'un labour de 20 centimètres et même moins encore.

Au point de vue de la profondeur, la pratique classe ainsi les labours : 1° *Labours superficiels ;* 2° *labours ordinaires* ; 3° *labours de défoncement* ou *labours profonds.* Au point de vue de la forme, nous avons les *labours à plat,* les *labours en planches* et les *labours en billons.*

Labours superficiels.

On désigne, sous le nom de labours superficiels, ceux dont la profondeur atteint 8 à 10 centimètres. On les pratique sur les champs en jachère, pour enterrer et détruire les plantes nuisibles, qui se développent pendant le repos de la terre. On les utilise pour enfouir les engrais pulvérulents et on les donne aussi à la terre, comme dernière façon préparatoire à l'ensemencement, surtout pour les semailles de printemps. Dans toutes les localités, où l'agriculture est en voie de progression, on les pratique immédiatement après les récoltes. Cette opération qui est alors désignée sous le nom de *déchaumage*, a pour but de soumettre à l'influence bienfaisante de l'atmosphère les terres tassées par les récoltes, en même temps qu'elle a pour effet d'enfouir les végétaux nuisibles et le chaume. Ces labours se pratiquent soit avec la charrue à avant-train, soit au moyen des charrues Polysocs, ou bien on fait encore usage des instruments désignés sous le nom d'extirpateur et scarificateur.

Labours ordinaires.

Les labours ordinaires se distinguent des labours superficiels par une plus grande profondeur, mais qui ne dépasse pas la couche de terre annuellement cultivée. Les labours superficiels, comme nous venons de le voir, ne font qu'*écroûter* la surface du sol, tandis qu'avec les labours ordinaires, toute la masse de terre cultivée habituellement se trouve remuée. La profondeur de ces labours est en moyenne de 20 centimètres, mais elle varie beaucoup suivant les localités, et même dans l'étendue d'une grande exploitation, suivant la nature du sol. Si la couche végétale n'a que 15 centimètres, le labour ordinaire ne pourra dépasser cette profondeur, à moins d'entamer alors le sous-sol, ce qui pourrait

12

quelquefois devenir plus nuisible qu'utile. Les labours ordinaires se pratiquent très-bien dans nos localités avec la charrue à avant-train.

Labours de défoncement.

On désigne, sous ce nom, les labours profonds qui peuvent ramener à la surface du sol une partie du sous-sol; mais on conserve aussi le même nom aux labours qui ameublissent ce sous-sol, sans le ramener à la surface. Enfin, un caractère qui les distingue encore des labours ordinaires, c'est que le cultivateur ne les pratique que périodiquement.

Les anciens n'ignoraient pas les bienfaits que l'agriculture peut retirer de l'approfondissement de la couche arable, et l'illustre Thaer, dans ses principes raisonnés d'agriculture, admet que la valeur de la couche arable augmente de 8 °/₀ avec chaque pouce de profondeur qu'on peut lui donner en sus de 6 à 10 pouces. Elle diminuerait aussi, suivant lui, dans la même proportion de 8 °/₀ avec chaque pouce de profondeur qu'on lui donnerait en moins de 6 à 3 pouces.

Sans attacher à ces chiffres une valeur absolue, ils expriment un fait bien connu des anciens, c'est que l'accroissement de profondeur des labours augmente, d'une manière notable, la proportion des récoltes.

Les labours profonds contribuent d'abord à l'assainissement du sol, ceci est facile à comprendre ; car, supposons deux sols dont le labour chez l'un a remué la terre jusqu'à 20 centimètres, et un autre sol que par un labour profond on aura ameubli jusqu'à 40 centimètres. Quoique chaque partie labourée à ces profondeurs inégales repose sur un sol imperméable, il est aisé de comprendre qu'il y aura une plus grande quantité d'eau pluviale emmagasinée par le labour de 40 que par le labour de 20 centimètres, et un égal volume d'eau répandu dans ces deux terres labourées pourra avoir dans le deuxième cas une influence fâcheuse qui ne se produirait pas dans le premier.

Les avantages des labours profonds ne s'arrêtent pas là, et une terre, remuée à une grande profondeur, offre aux racines un milieu plus propice à leur développement, puisqu'elles pourront y croître plus librement. Elles fourniront alors une nourriture plus abondante à la tige, ainsi qu'aux autres organes des plantes, qui formeront nos récoltes.

Les défoncements offrent encore à l'agriculture un moyen sûr et certain de détruire les racines vivaces de quelques plantes nuisibles, telles que les fougères et les chardons.

Outre ces avantages, les défoncements du sol donnent quelquefois au cultivateur un moyen facile d'en changer la composition chimique et d'en corriger la nature physique.

Les trois cas suivants se présentent assez souvent dans la pratique.

D'abord, un sol siliceux, par cela même léger, se desséchant très-facilement, peut reposer sur un sous-sol argileux. Si nous supposons que la profondeur du labourage ordinaire en soit de 20 centimètres, au moyen de 8 à 10 centimètres de défoncement nous ramènerons 8 à 10 centimètres d'argile dans la couche arable, et nous voyons qu'à l'aide de ce moyen nous augmenterons la tenacité du sol. Il pourra alors fournir à nos récoltes un meilleur appui, en même temps qu'il retiendra plus facilement l'eau nécessaire à la vie végétale.

Si, au contraire, nous avons un sol argileux, plastique, retenant l'eau avec facilité, propriété du sol qui, comme nous l'avons vu, est très-avanta-geuse dans les années de sécheresse, mais qui de-vient désastreuse dans les années humides ; si ce sol repose sur un sous-sol siliceux, un labour de défoncement mélangera le sable du sous-sol avec la couche arable et viendra l'améliorer en en corrigeant les défauts.

Enfin, il peut arriver qu'un sol soit argileux, soit siliceux, se trouve exempt de calcaire et repose sur un sous-sol formé d'argile-calcaire. Un défoncement en pareil cas donne au cultivateur le moyen d'ajou-ter au sol l'élément calcaire qui lui est nécessaire, tout en améliorant ses qualités physiques.

Tels sont les principaux avantages que peuvent

procurer les labours de défoncement. Quoi qu'il en soit, je ne saurais trop recommander à la pratique agricole de ne les exécuter qu'avec prudence et circonspection. C'est qu'en effet, comme ils exigent des frais considérables, s'ils sont mal appliqués, ils peuvent causer à l'agriculture des pertes notables en argent et porter en outre atteinte à la fertilité du sol défoncé.

Il est cependant des cas où le cultivateur n'a rien à redouter; ce sont ceux où le sol qu'il voudrait défoncer a, comme on le dit vulgairement, beaucoup de fond.

Le sous-sol alors présente la même composition minérale que la couche cultivée, et il est peut-être plus riche encore; car il a échappé à l'influence épuisante des récoltes et peut-être il s'est enrichi, par infiltration, des matières solubles des engrais, entraînées par les eaux pluviales. Dans de pareilles conditions je crois que le cultivateur ne saurait hésiter s'il peut le faire, car il possède de précieux éléments d'amélioration de son terrain.

Mais pour éviter à la pratique des déceptions malheureuses, j'engagerais le laboureur, avant de se livrer à de pareilles opérations, à s'assurer d'abord de la nature du sous-sol, à savoir si, mélangé avec la couche arable, il n'est pas de nature à en changer la composition et par cela même en diminuer la fertilité. S'il en était ainsi, il faudrait se contenter de remuer le sous-sol, pour le rendre plus mobile.

12.

sans le déplacer et sans le mêler à la couche arable.

Il est aussi très-important de se rendre compte des frais d'un pareil travail, de calculer si le supplément de récoltes que pourra donner le défoncement est en rapport avec les frais qu'il peut occasionner. Ces calculs ne sont pas toujours faciles à établir; ainsi, pour opérer en toute sécurité, le cultivateur fera mieux de prendre l'expérience pour guide, en faisant un défoncement partiel sur une petite étendue du terrain; il fumera plus que d'habitude et attendra les résultats qu'il en pourra obtenir.

Un autre moyen encore assez certain pour réussir, c'est celui qui a pour but de pratiquer des défoncements progressifs. Ainsi, la première année on défonce le sous-sol de 4 ou 5 centimètres en plus du labour ordinaire et on augmente la quantité des engrais. L'année suivante on recommence la même opération et ainsi de suite jusqu'à ce que le défoncement soit arrivé à 45 ou 50 centimètres. De cette manière, la partie du sous-sol ramenée à la surface a le temps de s'imprégner des gaz fécondants de l'atmosphère. L'époque la plus favorable pour exécuter de pareils travaux est l'automne, parce que pendant l'hiver les gelées, les pluies, tout en délitant le sol, le mûrissent et le rendent plus favorable à la culture.

Exécution des défoncements.

Le travail des défoncements présente dans son exécution deux cas bien différents :

1° Celui où le défoncement sera complet, c'est-à-dire où le sous-sol sera ramené à la surface;

2° Celui où le sous-sol pourrait, par son mélange avec la couche arable, produire un effet nuisible et où l'on se contente de le remuer, pour l'ameublir et le rendre ainsi plus perméable.

Dans le premier cas, la petite culture se sert de la bêche, en donnant dans la même jauge un second fer de bêche, qui est reversé sur le premier. La grande culture emploie, pour le même travail, la charrue, mais les procédés d'exécution varient suivant les localités. La mécanique agricole a déjà produit, pour un pareil travail, différents systèmes de charrues plus ou moins compliquées, mais ils exigent une force considérable. Telles sont les charrues Rose et Morton. Dans quelques localités, on défonce le sol avec deux charrues, qui ont des attelages distincts et marchent isolément. La première charrue ouvre un sillon de labour ordinaire ; la seconde charrue la suit, entre dans le même sillon, entame le sous-sol, le soulève et le renverse sur le premier guéret. Cette seconde charrue doit être solidement construite, car le sous-sol étant toujours moins perméable offre plus de résistance pour être soulevé.

Elle doit aussi être pourvue d'un versoir plus incliné pour pouvoir renverser la seconde bande de terre sur le guéret.

Dans le nord de la France, en Belgique et dans d'autres localités, on suit un système mixte. On ouvre un sillon de labour ordinaire avec la charrue, on place par-derrière une vingtaine d'ouvriers armés de bêches, qui soulèvent une couche plus ou moins profonde du sous-sol et la rejettent sur le guéret formé par la charrue. Si cette opération est conduite de manière à ne pas retarder la marche de la charrue, elle fournit un travail très-satisfaisant.

Pour le cas où le sol doit être seulement ameubli et non ramené à la surface du guéret, la petite culture emploie la bêche. Le fond de la jauge produite par la bêche est ameubli, soit à l'aide de la fourche, soit soulevé par un second fer de bêche, qui alors le remet à la même place. Ordinairement l'agriculteur ouvre un sillon ordinaire et y fait ensuite passer une charrue. On peut suivre encore le moyen pratiqué dans la Garonne et qui est connu sous le nom de *pelle-versage*. Il consiste à ouvrir un sillon avec la charrue, à soulever le sous-sol avec une fourche à deux dents et à le laisser retomber dans le sillon.

Tels sont, en général, les moyens d'exécution des labours de défoncements. Nous voyons que ces travaux sont coûteux, mais on comprend facilement que s'ils sont faits avec prudence, ils doivent être

profitables. Puis, comme ces travaux ne doivent
s'exécuter que périodiquement, les frais qu'ils occa-
sionnent ne sauraient être établis, pour une seule
récolte, mais bien sur l'ensemble des récoltes qu'ils
doivent fournir.

Après avoir étudié les diverses profondeurs que
la pratique peut donner aux labours, il nous reste à
examiner les formes diverses sous lesquelles ils se
présentent à nos yeux.

CHAPITRE XI.

Formes différentes des labours. — Labours à plat, en planches, en billons. — Nombre des labours. — Hersage.

On désigne sous le nom de labours à plat ceux où la terre présente une surface qui n'est découpée par aucune rayure. Dans les labourages en planches ou en billons, la charrue renverse alternativement la bande de terre de chaque raie à droite et à gauche. Dans le labourage à plat, la bande de terre soulevée par la charrue est constamment jetée du même côté de l'horizon, soit en allant, soit en revenant ; il résulte de ce travail que toutes les bandes de terre sont inclinées dans le même sens, que la surface labourée est parfaitement unie et que la seule rayure qu'on aperçoive, est celle du dernier sillon tracé par la charrue. Pour exécuter un pareil travail, la charrue dont nous avons indiqué la disposition ne peut servir sans obliger le laboureur à des pertes de temps considérables, qui deviennent onéreuses. On est en effet, pour ce travail, obligé d'avoir recours aux charrues à tourne-oreilles ou à celles à doubles socs. Les avantages que peuvent présenter les labours à plat sont de supprimer les nombreuses enrayures et dérayures que l'on conserve dans les autres modes de culture, de ne pas altérer la régularité du terrain et d'abolir les longues tournées. Ce mode de labour offre un avantage réel en procurant une précieuse économie de temps. Il est surtout utile pour les terres situées fortement en pente, où la charrue à tourne-oreilles permet en effet de labourer transversalement à la pente et de renverser la terre constamment vers le bas. Avec un pareil instrument on n'a jamais à retourner la bande de terre vers le haut de la pente, ce que l'on ne pourrait éviter avec la charrue ordinaire. Mais si ces labours offrent quelques avantages, ils ne sont pas tout-à-fait sans inconvénients.

En effet, nous voyons que, pour les pratiquer, l'agriculture est obligée d'avoir recours à des charrues spéciales, assez compliquées et qui peuvent s'éloigner de la perfection qu'on arrive à atteindre avec la charrue ordinaire, construite pour verser la terre d'un seul côté. Aussi, en général, préfère-t-on les labours en planches qui permettent l'emploi des charrues ordinaires, et le labour à plat est surtout

réservé pour l'ameublissement des terres en pente.
Si pourtant on voulait adopter ce mode de labour
pour d'autres terres, il ne faudrait pas oublier qu'on
ne doit l'appliquer que sur des sols très-perméables,
à moins qu'ils n'aient été soumis à un mode d'assainissement qui prévienne le séjour d'un excès d'humidité dans la couche arable. Les cultivateurs soigneux ont encore cette précaution ; après le labour
à plat, ils tracent, dans le champ ainsi labouré, des
sillons auxquels ils donnent une pente régulière et
qui relient entre elles les inégalités de la surface labourée. Ces sillons ont pour objet de faciliter l'écoulement des eaux qui, après les fortes pluies, pourraient séjourner aux endroits où le terrain présente
des dépressions.

Labours en planches.

On donne ce nom aux labours où, après le travail
de la charrue, la surface du terrain labouré se trouve
divisée en compartiments plus ou moins larges, sé-
parées par des rayures, généralement parallèles. La
planche forme la surface de terre comprise entre
deux rayures ou une rayure et l'extrémité du champ.
Ce second mode ne diffère des labours à plat que
parce que les rayures qu'on y trace de distance en
distance partagent le sol en parallélogrammes plus
ou moins larges, séparés par deux rigoles qui sont
moins profondes que dans les labours en sillons.

Les planches qu'on forme n'offrent pas partout la même largeur. Dans certains endroits, la largeur n'est que de 1 mètre 50 ; tandis que quelquefois elles ont 10, 20 et même 30 mètres. On laboure en planches étroites les terrains peu perméables, où l'on redoute la stagnation des eaux pendant l'hiver. On laboure, au contraire, en grandes planches les terrains perméables, et ici encore le cultivateur soigneux trace, dans le sens tranversal des planches, des sillons en pente pour faciliter l'écoulement des eaux dans les parties *déclives* de son champ. Le labourage en planches s'exécute très-bien avec la charrue ornaire ; mais il occasionne des pertes de temps inévitables, qui se renouvellent à l'extrémité de chaque sillon et sont occasionnées par les *tournées*. Le temps que met la charrue à parcourir l'espace qui sépare le sillon qu'elle quitte et celui qu'elle va entamer, est forcément perdu, comme travail effectif, et ce temps est d'autant plus grand, que les tournées sont plus grandes. Pour pratiquer le labourage en planches, on détermine d'abord la largeur de la planche qu'on veut obtenir et on divise le champ en autant de parties que sa largeur contient de fois la largeur adoptée pour les planches. Puis on laboure les planches soit en *endossant*, soit en *refendant.* Dans le premier cas, on enraye, c'est-à-dire qu'on trace la première rayure, vers le milieu de la planche. On détache d'abord dans la longueur du champ une première bande ; arrivé à l'extrémité du champ,

13

on retourne sur la droite, on en détache une autre, qu'on lui superpose ou qu'on incline vers elle. Ces deux premières bandes appuyées l'une contre l'autre forment ce que l'on appelle l'*endos*. On continue ensuite le labourage en tournant autour des deux premières bandes ou de l'endos, jusqu'à ce que l'on ait atteint les limites assignées à la largeur de la planche qu'on veut former, et où il reste nécessairement deux dérayures.

Lorsqu'on veut pratiquer le labourage en planches, en refendant on enraye sur les deux côtés de la planche, on incline les bandes de terre dans une direction opposée et l'on déraye au milieu.

Labours en billons.

Les labours en billons diffèrent des labours en planches, en ce qu'au lieu d'une surface plane, ils présentent une surface plus ou moins bombée. Les billons sont aussi généralement fort étroits et leur largeur dépasse rarement 1 à 2 mètres.

Ce mode de labourage devient surtout utile dans les terres humides; dans celles là on doit principalement donner aux billons une forme très-bombée, et les raies qui les séparent doivent être très-profondes. La surface convexe du billon favorise facilement l'égouttement du sol et les rigoles sont autant de petits fossés d'écoulement qui facilitent l'assainissement de la terre. Les billons seront donc un bon moyen pour assainir les terres imperméables qui retiennent facilement l'eau. Ce mode de labour est du reste par-dessus tout usité pour les récoltes qui occupent le sol pendant l'hiver. Il devient aussi très-utile pour les terres dont la couche arable n'est pas profonde. La formation du billon se fait naturellement, en relevant la partie superficielle de la terre qu'on accumule vers l'axe du billon ; par ce moyen on prépare aux récoltes une station plus convenable et un milieu mieux disposé, pour fournir aux racines les éléments nécessaires à leur développement. Tels sont les avantages que peut procurer à l'agriculture le labourage en billons. Mais on lui reproche beaucoup d'inconvénients, dont les principaux sont les suivants : 1° Une très-grande difficulté d'exécution ; en effet, pour arriver à former un billon il faut au moins trois labours, donnés par un bon laboureur ; 2° leur disposition, pour être avantageuse, doit être telle que les billons soient dirigés du nord au sud, sans quoi les récoltes qui sont placées dessus reçoivent inégalement les rayons de la lumière.

Nous avons vu que la lumière est un des agents physiques nécessaires au complet développement des récoltes. Mais cette direction n'est pas toujours facile à donner aux billons ; la configuration du terrain, la pente qu'il peut avoir, sont autant d'obstacles. On reproche aussi à ce mode de labour de contribuer à la stagnation des eaux, sur les terres qui sont dépourvues d'une inclinaison régulière et qui présentent des ondulations et des pentes en différents sens. Nous avons vu que pour remédier à ces inconvénients provenant, soit de la nature même du terrain, soit des inégalités des billons, le cultivateur intelligent, dans les labours à plat et dans les labours en planches, pratique des rigoles d'assainissement. Quoiqu'une pareille exécution ne soit pas sans difficulté sur les labours en billons, cette précaution utile n'est jamais négligée par les cultivateurs flamands. Les travaux qu'ils font pour récolter les moissons provenant de la culture en billons, présentent aussi plus de difficultés que sur les autres terres. La faulx ne fonctionne pas d'une manière satisfaisante sur les terres billonnées. Le fanage, le javelage, surtout par les temps pluvieux, suscitent des embarras au cultivateur. Enfin, on reproche encore à la culture en billons de ne pouvoir permettre l'emploi d'instruments très-économiques, tels que l'extirpateur, le scarificateur, les faucheuses, etc. La démolition et la reconstruction annuelle de ces billons demande une grande habitude de la part du laboureur. La difficulté de ces travaux, tout en compliquant d'abord le travail, exige encore un temps plus long que pour les autres sortes de labours. Le nombre des rigoles qui partagent le terrain en billons, occasionne une perte de terrain qui peut équivaloir, dans les billons étroits, au quart environ de la surface totale du terrain en culture. Comme nous venons de le voir, la culture en billons est le mode de labour qui offre le plus d'inconvénients.

Aussi ne devrait-elle être pratiquée qu'exceptionnellement. Mais il n'en est pas ainsi, et nous la retrouvons dans tous les pays où l'agriculture est peu avancée, et dans toutes les localités où les travaux du sol sont les mieux soignés et où l'on fait de la culture dite culture intensive.

Époque des labours.

Nous avons déjà vu qu'il était très-avantageux d'exécuter un labour superficiel immédiatement après l'enlèvement des récoltes, pour exposer de suite la partie superficielle du sol à l'influence bienfaisante de l'atmosphère. Mais le cultivateur n'a pas toujours le temps d'agir ainsi ; les travaux qu'exige l'ensemencement des nouvelles cultures à faire, l'empêchent souvent de donner cette première façon. Le cultivateur ne devra pas toutefois oublier de labourer ses terres avant l'hiver, parce que les labourages pratiqués en automne sont les plus avantageux. La terre, labourée alors, reste pendant l'hiver exposée aux influences atmosphériques, aux alternatives des gelées et du dégel, et procure aux terres argileuses un ameublissement, tel qu'on chercherait vainement à le leur communiquer par des façons réitérées. Mais un seul labour est loin de suffire pour donner à la terre un ameublissement convenable ;

13.

aussi est-on dans l'habitude d'en donner plusieurs et de les faire en d'autres saisons. Le laboureur n'est pas toujours maître d'employer ses attelages aux labourages ; l'état d'humidité ou de sécheresse de la terre est tour-à-tour un obstacle qui l'empêche d'exécuter ses travaux quand il lui plaît, sous peine de s'exposer à avoir des labourages imparfaits.

Les terres légères, perméables, peuvent se labourer à peu près à toutes les époques de l'année. Il n'y a guère que la gelée et les pluies de longue durée, qui peuvent sur ces terres s'opposer à un travail convenable de la charrue. Mais il n'en est pas de même sur des terrains compactes, argileux, qui retiennent facilement l'eau. S'ils sont trop humides, ils adhèrent fortement à la charrue, et opposent à sa marche une résistance considérable. Le cultivateur doit donc veiller à ne pas labourer ces terres trop tardivement en automne.

Mais ces mêmes terres, si elles viennent à se dessécher, présentent encore de grandes difficultés au labourage. Le soc de la charrue a de la peine à les pénétrer, les bandes soulevées par le versoir donnent naissance à d'énormes mottes très-dures, que les herses même les plus énergiques ne peuvent briser. Pour façonner ces terres avec économie et pour que le labourage y offre un travail satisfaisant, le cultivateur doit donc choisir le moment où elles ne sont ni trop sèches ni trop humides. Aussi est-ce au praticien à juger de l'opportunité qu'il y a pour

lui à labourer de pareilles terres et à ne pas négli-
ger de le faire, lorsque l'occasion lui parait avantageuse et favorable.

Nombre des labours.

Le nombre des labours qu'on donne à la terre entre deux récoltes consécutives, dépend de plusieurs
circonstances, d'abord de la nature du sol, ensuite
de l'espèce de la récolte qu'on vient de faire et de
celle qu'on veut obtenir.

Les terres argileuses douées d'une grande tenacité, et exigeant pour s'ameublir des façons réitérées, réclament de fréquents labours. Nous connaissons déjà le dicton : Sur ces terres, labour vaut fumier! Mais dans les terres légères qui n'ont point de
tenacité et qui se divisent facilement, il faut éviter
de multiplier les labours. Les plantes qui sont l'objet de la culture ne sont pas toutes aussi exigeantes
l'une que l'autre, sous le rapport de l'ameublissement
du sol. L'expérience apprend qu'il y en a qui réclament une terre parfaitement remuée et divisée ;
tandis que d'autres, au contraire, semblent se plaire
dans des sols qui conservent une certaine consistance. Il est donc certaines cultures qui pourront se
contenter d'un nombre de labours insuffisant pour
d'autres, et la pratique, par ses observations judi-
cieuses, enseigne au laboureur ces faits, beaucoup
mieux que la science. Nous venons d'examiner les

différents labours qu'exécute l'agriculteur, mais il est quelques travaux qui viennent compléter l'ameublissement du sol, et en première ligne se trouve le hersage.

Du Hersage.

Cette opération est le complément de l'ameublissement du sol par le labourage. Nous avons vu que la charrue détache des bandes continues qui, si ce n'est dans les sols très-légers, ne se désagrégent pas complètement et laissent toujours une certaine quantité de mottes plus ou moins grosses ; alors le terrain labouré offre souvent une surface fort inégale et présentant évidemment des cavités. Si le cultivateur venait à semer après un pareil travail, un certain nombre de graines pourraient rouler dans ces cavités et seraient ainsi ensevelies, sous des blocs volumineux, qui opposeraient un obstacle infranchissable au développement des organes des jeunes plantes. Il devient donc indispensable, avant de procéder à l'ensemencement, de chercher à pulvériser les mottes et à égaliser la surface du sol. Cette opération s'exécute très-bien à l'aide de la herse. L'agriculture emploie donc d'abord la herse, pour pulvériser et ameublir la terre, mais elle s'en sert aussi pour enlever, après le labour, les racines des plantes vivaces, pour enterrer les semences à une profondeur convenable et les répartir plus uniformément à la surface du sol ; enfin, pour mélanger les engrais pulvérulents avec le sol. La herse est généralement formée par un châssis horizontal, pourvu en dessous de longues dents en fer. Toutefois les herses diffèrent beaucoup entre elles par leurs formes et par la matière qui sert à les confectionner. Les unes sont entièrement en bois, d'autres sont formées par un châssis de bois armé de dents en fer. Il en est aussi dont le châssis et les dents sont tout en fer. Les dents adaptées au châssis sont légèrement inclinées en avant, elles ont une forme variable, tantôt cylindriques et pointues, tantôt légèrement tranchantes comme le coutre de la charrue. Cet instrument est dépourvu de roues et il est traîné sur le sol par les animaux de travail. Dans la construction de la herse, il faut avoir égard aux principes suivants :

1° Les dents doivent être assez éloignées les unes des autres pour que la terre ne s'amasse pas dans les intervalles.

2° Il faut que les dents soient placées de manière à ce que les petites raies qu'elles tracent sur le sol soient à une égale distance les unes des autres ;

3° Chaque dent doit faire sa raie particulière de manière à ce que la raie de l'une ne soit pas confondue avec la raie d'une autre dent.

Dans la construction des herses en bois, on doit avoir bien soin de n'employer que du bois dépourvu d'aubier et parfaitement sec. Si l'on négligeait cette précaution, le bois, sous l'influence de la chaleur, se dessécherait, subirait un retrait et l'instrument serait bientôt détraqué. Si l'on veut encore que la herse réunisse toutes les chances d'une longue durée et d'un bon service, il faut que l'assemblage des pièces qui la forment soit fait avec précision. Les herses construites tout en bois conviennent surtout dans les sols faibles ou de moyenne consistance pour donner des façons légères ; mais dans les terres compactes et argileuses, qui forment des mottes très-dures, le cultivateur devra donner la préférence aux herses à dents de fer qui offrent une supériorité incontestable. La profondeur à laquelle pénètrent les dents de la herse dépend de plusieurs causes : soit l'inclinaison des dents, soit le poids de la herse, soit le mode d'attelage. L'inclinaison des dents favorise en général leur pénétration, il en est de même du poids de cet instrument ; et quelquefois on augmente encore la profondeur du hersage en chargeant le châssis de la herse de pierres ou de gazons. Pour augmenter ou diminuer la pénétration des dents dans le sol au moyen du mode d'attelage, les praticiens savent très-bien qu'en allongeant les traits de l'attelage ils augmentent la profondeur du hersage et qu'ils le diminuent, au contraire, en les raccourcissant. La conduite de la herse ne présente pas de grandes difficultés ; l'homme chargé de la conduire doit veiller à ce qu'elle produise son maximum d'effet, que l'on obtient facilement en faisant attention à ce qu'aucune partie de la surface du champ

n'échappe à l'action des dents, et il faut, si l'on ré-
pète le hersage dans le même sens, veiller à ce que
les dents de la herse n'entrent pas dans les mêmes
raies.

Voyons maintenant comment doit se conduire le
hersage, suivant les différents résultats qu'on se
propose d'en obtenir.

Si le hersage a pour objet seulement l'ameublissement du sol, il faut donner à l'attelage une allure
vive, parce que les mottes de terre, plus violemment
heurtées, se divisent plus sûrement. On fait mar-
cher la herse tantôt en long, c'est-à-dire dans le
sens même des sillons, tantôt perpendiculairement
à ces mêmes sillons ; quelquefois on donne un hersage croisé. Le hersage le moins énergique est celui
qui est pratiqué en long, on ne doit l'employer
que sur les sols légers. Celui donné en travers,
c'est-à-dire perpendiculairement aux sillons, est le
plus énergique, mais celui qui remplit le meilleur
but, surtout sur les sols compactes et argileux, est
le hersage croisé. Il est en effet double ; la première
moitié se donne dans le sens des sillons, la seconde
perpendiculaire à ces sillons. On voit facilement
que par un hersage croisé aucune motte ne peut
échapper à l'action de la herse. Un seul hersage
ne suffit pas toujours pour donner au sol l'ameublissement dont il a besoin. On est donc souvent
obligé de répéter l'opération, soit pour achever
d'ameublir le sol, soit aussi pour enterrer les se-

mences. Le nombre des hersages doit être déterminé par les exigences des récoltes qu'on a pour but d'obtenir et surtout par la nature du sol qu'on cultive.

Les terrains légers ont généralement moins besoin de hersages répétés que les terres compactes. L'état de sécheresse ou d'humidité du sol influera beaucoup aussi sur la perfection du hersage ; si les terrains sont trop humides, les mottes de terre fléchissent sous la dent de la herse ou l'empâtent ; si, au contraire, elles sont trop sèches, on a beaucoup de peine à les briser. Le cultivateur doit donc encore choisir une époque convenable pour exécuter ces travaux, qui est le moment où les terres à herser ne seront ni trop sèches ni trop humides.

Le hersage se pratique encore pour enlever du sol les racines des plantes vivaces détachées par le labour. Le travail alors, au lieu de s'exécuter dans le sens des sillons, doit être fait perpendiculairement à ces sillons, en contournant le champ. C'est ce que l'on appelle herser en rond, parce que, dans ce mode d'opérer, la herse saisit beaucoup mieux les racines vivaces dont on veut débarrasser le champ.

Enfin, l'agriculture se sert encore de la herse pour enterrer les semences ou les engrais pulvérulents. Dans ce cas généralement le hersage est très-facile, car la terre, étant préparée à l'avance, a reçu tous les degrés d'ameublissement qui étaient nécessaires.

CHAPITRE XII.

<hr/>

Du Roulage. — Différentes formes de rouleaux.

Le laboureur, dans le but de compléter le travail de la charrue, qui ne pourrait suffire pour procurer au sol le degré d'ameublissement nécessaire aux cultures, a, nous le savons, recours à l'emploi de la herse. Mais le hersage lui-même est encore insuffisant dans un grand nombre de cas. La pratique peut se trouver dans cette alternative : 1° avoir à ensemencer des sols, sur lesquels l'action de la herse aura été insuffisante, comme les sols argileux compactes, dont les mottes soulevées par la charrue, durcies par le soleil, résistent souvent à l'action des dents ; 2° ou bien des sols légers qui, au contraire, se tassent difficilement; alors les racines des jeunes

14

plantes ne pourraient trouver un appui convenable.
Ces sols ont donc besoin que les particules terreuses
qui les forment soient rapprochées les unes des
autres; en un mot, les terres ont besoin d'être
tassées. La herse encore ne saurait exécuter cette
besogne. Donc, comme on le voit, pour approprier
convenablement les terres labourées à un ensemencement qui puisse remplir les conditions désirables,
la charrue et là herse ne suffisent pas toujours,
l'agriculture est obligée d'avoir recours à un autre
instrument, qui aura à remplir un double but suivant l'effet qu'on en veut obtenir. Cet instrument
c'est le rouleau, et le travail qu'on exécute est naturellement désigné sous le nom de *roulage*. Son
usage, je viens de le dire, aura un double but sur
les sols compactes; il en nivèlera la surface, il pul-
vérisera les mottes qui ont pu résister ou échapper
à l'action de la herse, ou il les enfoncera dans le
sol, afin qu'elles soient plus facilement soumises à
l'action d'un second hersage. Sur les sols légers, il
aplanira la surface, la tassera et la comprimera,
il rapprochera les molécules terreuses qui les forment, de manière à ce que ces sols puissent offrir
aux récoltes un appui convenable. Le rouleau le
plus ordinaire, le plus simple, est un cylindre tournant dans un cadre, ou à l'extrémité d'un brancard
que traînent les animaux. Mais ceux que l'agriculture emploie sont très-différents les uns des autres
par la nature de la matière qui sert à les confec-

tionner, par leur forme, leur longueur, leur diamètre et leur poids.

La matière qui sert le plus ordinairement à leur construction est le bois ; mais on en établit aussi en pierre et en fonte. Ces derniers sont alors creux. Ceux qu'on emploie le plus souvent sont en bois ou en pierre, et comme ils coûtent moins cher que ceux en fonte, c'est probablement pour ce motif que nous voyons les cultivateurs leur accorder la préférence. Le défaut que présentent les rouleaux en bois, c'est de ne pas être toujours assez lourds, tandis que les rouleaux en pierre sont généralement d'un trop petit diamètre. Ceux que l'on construit en fonte, comme on les fait creux, peuvent avoir le poids qu'on désire et le diamètre qu'on veut. Quelle que soit la nature de la matière qui sert à les confectionner, on leur donne encore des formes différentes. La plus ordinaire est cylindrique, mais il y en a quelquefois à forme polygonale. Tantôt ils sont hexagones, tantôt octogones, c'est-à-dire représentant un solide à six ou huit faces planes. Il y a aussi des localités où les rouleaux ayant une forme cylindrique primitive sont hérissés de chevilles de bois ou de pointes métalliques plus ou moins longues et plus ou moins aiguës. Leur longueur, leur diamètre et leur poids sont aussi très-variables. La construction de cet instrument d'agriculture subit donc de profondes modifications. Il est, en conséquence, fort important d'examiner quelles sont les dimen-

sions et les formes auxquelles il convient de donner
la préférence.

L'action du rouleau dépendant généralement de
son poids, on doit d'abord, dans la construction,
viser à utiliser ce poids de la manière la plus avantageuse. Les rouleaux lourds, si nous nous propo-
sons de briser les mottes, de faire disparaître les
inégalités du sol et d'en niveler la surface, conserve-
ront toujours la même supériorité dans ces deux
cas. Si un rouleau pèse 200 kilos et s'il a la même
longueur qu'un autre de 100 kilos, on conçoit facilement que le premier aura une action double de
celle du second. Mais si le poids du rouleau restait
le même, sa longueur venant à augmenter, on se
tromperait si l'on supposait que l'action en serait
encore double de celle du rouleau pesant 100 kilos
et qui serait moins long.

Ce point est très-important à élucider dans la
pratique, qui généralement se préoccupe moins du
poids que de la longueur et qui donne toujours la
préférence aux longs rouleaux, dont l'avantage est
de permettre de faire dans le même temps beaucoup
plus de besogne que les rouleaux courts. Je sup-
pose ici deux rouleaux pesant tous les deux 200 kil.
et ayant chacun deux mètres de longueur, il est
facile de voir que ces rouleaux exerceront sur le sol
une pression égale d'un kilo par centimètre. Mais
si nous supposons que de deux rouleaux ayant encore le même poids, le premier ait une longueur

d'un mètre, le second une longueur de deux mètres, ce dernier embrassera bien sur le terrain une surface double du premier, mais la pression qu'il exercera sera moitié moindre. Pour conserver à ces deux rouleaux une puissance égale, il faudrait doubler le poids de celui dont on a doublé la longueur. A poids égal le rouleau long brisera avec moins de certitude les mottes qu'il rencontrera sur son passage, et il résulte de ceci encore un inconvénient, c'est que le rouleau long, qui ne serait pas assez lourd, serait exposé à être soulevé dans sa marche. Chaque fois qu'il en arrive ainsi, une portion de la surface du champ que l'on soumet au roulage échappe à l'action de l'instrument et le travail qu'on veut obtenir devient irrégulier. Les longs rouleaux accélèrent donc la besogne, mais, si l'on veut obtenir un bon travail, il faut que l'instrument possède un poids en rapport avec sa longueur. Nous avons dit que l'on se servait de rouleaux de diamètres bien différents, voyons quelle peut être l'influence du diamètre des rouleaux sur leur marche.

Supposons deux rouleaux de même poids et de même longueur, mais ayant, l'un 30 centimètres, l'autre 60 centimètres de diamètre, ces deux instruments, pour être mis en mouvement, vont donner naissance à des résistances inégales; celui qui aura 60 centimètres de diamètre exigera moins de force que celui qui n'en a que 30 centimètres. Car la science nous apprend que la résistance au roulement

14.

est en raison inverse du diamètre, de sorte que si
nous représentons par 100 kilos la force nécessaire
pour mettre en mouvement le rouleau, qui n'a que
30 centimètres de diamètre , une force de 50 kilos
sera suffisante pour le rouleau qui a 60 centimètres.
Les cultivateurs n'auront pas de peine à comprendre
ces faits ; leur expérience ne leur a-t-elle pas appris
que les dimensions des roues exercent sur la marche
de leurs voitures une certaine influence, et que, dans
deux voitures du même poids, ayant des roues différentes, les petites, pour être mises en mouvement,
exigent une force plus grande. Ceci établit, je crois,
convenablement que deux rouleaux de même poids,
de même forme, mais d'un volume inégal, offriront
des résistances différentes pour leur traction. Nous
avons à examiner maintenant s'ils n'offriront pas de
variantes dans le travail qu'on a en but d'obtenir,
soit que l'on s'en serve comme moyen d'ameublissement du sol, soit comme moyen de tassement des
terres. Comparons donc l'action de deux rouleaux
semblables sous tous les rapports, mais dont le diamètre de l'un est moitié moindre que celui de
l'autre, c'est-à-dire l'un ayant encore un diamètre
de 30 centimètres et l'autre un diamètre de 60 centimètres. Celui de ces deux rouleaux qui a le plus
grand diamètre aura évidemment une circonférence
double du plus petit. Si nous supposons un moment
que ces deux rouleaux soient mis en mouvement et
marchent avec la même vitesse, pour parcourir le

même espace de terrain dans des temps égaux, il faudra qu'ils tournent avec une rapidité différente,

Ces deux rouleaux, en effet, ne pourront parcourir dans le même temps le même chemin, qu'à la condition que celui dont le diamètre est de moitié moins grand, fera deux tours sur son axe pendant que le gros rouleau n'en fera qu'un. Il résulte de ceci que, dans son mouvement de progression, le rouleau à petit diamètre développera une force vive, supérieure à celle du rouleau dont le diamètre sera double, et il imprimera aux mottes de terre qu'il rencontrera une secousse plus violente pour les faire éclater. Le rouleau à petit diamètre est donc doué d'une plus grande énergie que le gros et il sera donc toujours plus avantageux, s'il s'agit de pulvériser des mottes durcies par la chaleur. Mais il nous faut rechercher maintenant s'il conservera cet avantage dans le cas où le roulage a pour objet de tasser et de plomber le sol. Pour donner une solution à cette question, il faut mettre en mouvement deux rouleaux de diamètres différents sur un même terrain, et les arrêter simultanément à un moment donné de leur course. L'observation constate que par suite de la compression qu'ils exercent sur le sol, ils s'y sont enfoncés et qu'il y a une portion plus ou moins étendue de leur circonférence qui s'y trouve engagée. Mais il est facile de s'assurer que la portion de circonférence du rouleau à petit diamètre est moins engagée dans le sol que celle de l'autre. Or, puisque les deux rouleaux ont le même poids, il est certain que celui qui offrira le moins de points de contact avec la terre sera en même temps celui qui exercera le tassement le plus vigoureux, puisque la surface sur laquelle il s'appuie sera moins étendue. Tout ce que je viens d'établir ici démontre donc que, dans la construction du rouleau, on ne doit pas perdre de vue le diamètre, puisque, soit qu'on l'augmente, soit qu'on le diminue, on peut changer son mode d'action. De deux rouleaux ayant le même poids et la même longueur, le moins volumineux est le plus énergique.

Seulement il a l'inconvénient d'exiger plus de tirage. Il serait donc très-utile de pouvoir construire un rouleau qui pût réunir les deux conditions suivantes : agir avec énergie sur le sol sans que la force nécessaire à sa traction augmentât. Mais cette combinaison n'étant pas entièrement réalisable, il faut nous en tenir à celle qui peut faire la part la plus large, aux avantages respectifs des rouleaux à petit et à grand diamètre. Pour atteindre ce but, il est prudent de s'arrêter dans la construction de cet instrument à un diamètre moyen, soit 40 à 60 centim. de diamètre pour un mètre de longueur. Le rouleau est un instrument très-facile à diriger sur les champs. Le conducteur n'a guère qu'à éviter les tournées courtes, qui fatiguent les animaux, et il doit aussi veiller à ce que le rouleau se promène sur toute la surface du champ, de manière a ce qu'aucune partie

n'échappe à son action. Les roulages s'exécutent non-
seulement avant, mais encore après les semailles, et
nous pouvons dire ici que labourer, herser, rouler,
puis herser ensuite, forment une série de travaux
qui ameublissent bien mieux les sols compactes que
deux ou trois labours suivis de hersages, sans l'emploi du rouleau. Cependant, comme le roulage s'exécute postérieurement après les semailles, il n'est
pas sans importance que le cultivateur se rende un
compte bien exact de son action dans ce cas. Les
semences confiées au sol, pour que leur germination puisse convenablement s'effectuer, ont besoin,
nous le savons, de rencontrer dans la terre une certaine fraîcheur; mais l'humidité contenue dans le
sol se dispersera d'autant plus rapidement que les
points de contact du sol avec l'air seront plus nombreux. Le rouleau en nivelant la surface du sol, en
rapprochant les particules de terre, diminue l'évaporation de l'humidité, tout en conservant à la
terre la fraîcheur nécessaire à la germination; il
prépare aussi aux jeunes racines une terre tassée,
qui leur offre un point d'appui plus convenable. Le
travail du rouleau assure donc le premier développement de nos plantes cultivées; mais pratiqué après
l'hiver il rend encore de grands services. Il est en
effet des terres, qui sous l'influence des gelées augmentent de volume et se soulèvent; puis au printemps, par suite de l'affaissement qu'éprouve le sol,
les racines sont presque mises à nu. En pareil cas, les

roulages rendent de précieux services en raffermis-
sant et tassant la terre autour des racines ébranlées.
Les céréales profitent alors très-bien des roulages ;
la compression qu'ils déterminent sur le sol conso-
lide en effet ces récoltes. Les roulages sont également très-profitables aux prairies après l'hiver.
Enfin on s'en sert encore quelquefois pour faire la
guerre aux limaces et aux insectes, comme aussi
pour enterrer les petites graines qui ne demandent
qu'une très-faible couverture.

Des Binages.

On désigne en agriculture sous le nom de binages, des façons que l'on donne aux terres le plus
ordinairement après leur ensemencement, dans le
but d'entretenir leur ameublissement et de les débarrasser des mauvaises herbes. On conçoit que
quel que soit l'état d'ameublissement du sol, il ne
peut se maintenir longtemps ; la partie superficielle
du sol en contact continuel avec les pluies qui la tassent, avec la chaleur qui la dessèche, ne tarde pas à
se couvrir d'une croûte plus ou moins épaisse, qui
la rend difficilement perméable à l'air et à l'eau. Il
importe donc de prévenir la formation de cette
croûte, ou tout au moins de la rompre à propos. Des
binages nous en donnent le moyen, et leur utilité a
besoin d'être bien appréciée du cultivateur ; car si
elle n'est pas bien comprise, il n'est guère possible

d'obtenir de ces façons les bons effets qu'elles peuvent produire. Beaucoup de cultivateurs hésitent à
donner à la terre des binages ; ils pensent que l'ameublissement qu'ils ont exécuté sur les couches superficielles de leur sol doit activer la dispersion de l'humidité qu'il renferme et par cela même que les
binages peuvent devenir plus nuisibles qu'utiles.
Mais il n'en est pas ainsi, et les binages sont avantageusement pratiqués dans le midi, où l'on a bien
plus à redouter l'action de la sécheresse que dans
nos climats.

En effet, les façons modèrent l'évaporation du
sol au lieu de l'accélérer, c'est ce qu'il va nous être
facile de comprendre : Sous l'influence de la température solaire, l'eau que les pluies ont apportée
au sol, se disperse peu à peu dans l'atmosphère. Les
couches immédiatement en contact avec l'air se
dessèchent ; mais elles soutirent sans cesse aux
couches inférieures l'humidité qu'elles contiennent.
Celle-ci s'élève alors de la partie inférieure du sol
dans la partie supérieure pour entretenir son évaporation, au moyen des petits conduits capillaires
que laissent entre elles les particules terreuses du
sol. Ce phénomène de capillarité est le même que
celui qui fait monter l'huile dans nos lampes pour
alimenter la flamme. Mais si la terre vient à être
binée, cette opération détruit la croûte superficielle,
rompt l'adhérence de la partie supérieure avec la
partie sous-jacente, détruit la capillarité qui exis-

tait, et l'humidité des couches inférieures ne peut plus venir s'évaporer si facilement à la surface. La déperdition de l'humidité du sol est donc ralentie, au grand avantage de sa fraîcheur. D'un autre côté, le sol ameubli à sa partie supérieure est bien plus accessible aux rosées de la nuit, aux pluies qu'il peut absorber bien plus facilement ; car, sur une surface dure et compacte, l'eau glisse sans presque la pénétrer. Ceci fera comprendre, je n'en doute pas, au praticien, qu'un binage effectué en temps opportun et bien fait, loin de causer la déperdition de l'humidité du sol, est de nature à l'y maintenir avec avantage pour ses récoltes. Mais les binages remplissent encore avec avantage un autre but, ils nous permettent de pouvoir détruire facilement toutes les mauvaises herbes qui croissent à la surface du sol et qui, pour se développer, empruntent un certain nombre d'éléments, qui sont propres aux plantes cultivées. Ceci se comprend facilement encore ; toutes les plantes, quelles qu'elles soient, qui se développent sur un même terrain, puisent leur nourriture à la même source.

Elles vont donc prendre aux engrais qu'on a fournis au sol tous les éléments nécessaires à leur nutrition. On voit ainsi que plus nous les laisserons se développer, plus elles causeront de dommage, et c'est surtout si on vient à les laisser monter à graine qu'elles causent à nos récoltes un préjudice considérable. Les binages, comme on le voit, rempli-

ront bien le but que j'ai indiqué plus haut, savoir :
maintenir l'ameublissement de la couche superficielle du sol. Mais si l'on veut qu'ils produisent de
bons effets, on doit toujours les exécuter en temps
opportun, c'est-à-dire toutes les fois que la surface
du sol s'est durcie, par l'influence des pluies et de la
chaleur.

Le nombre des binages qu'on doit donner au sol
dépend de l'espèce de la récolte, de la nature du sol
et des circonstances atmosphériques. Les divers binages n'ont pas tous la même profondeur ; quand
nos cultures n'ont acquis qu'un faible développement , ils doivent être très - superficiels. Ceux
que l'on donne ensuite pénètrent davantage; mais
ils ne dépassent guère 8 à 10 centimètres, et encore
de pareils binages ne sauraient convenir qu'aux
plantes à racines pivotantes, telles que betteraves,
carottes, etc. Ces travaux s'exécutent avec des instruments à la main ou avec des instruments mis en
mouvement par les animaux. Les premiers sont les
ratissoires à pousser ou à tirer, la *binette* ou *ser-
fouette*, et la houe. Les binages avec des instruments
à la main sont surtout pratiqués par la petite culture. Ils exigent plus d'adresse et d'habileté que de
force ; car on doit veiller, en détruisant les mauvaises herbes, à ne point attaquer les racines des
récoltes. Mais, dans les grandes cultures, les binages
à la main deviendraient trop coûteux, et l'on est encore obligé d'avoir recours à des instruments qui

15

exécutent un travail moins bien fait, mais qui, dans un temps donné, font accomplir beaucoup plus de besogne, tels que les houes à cheval, dont il existe différents modèles. L'adoption de ces instruments, dans ces façons à faire à la terre, a permis de donner aux récoltes sarclées une extension convenable et à faire jouer, à ces plantes qui ont remplacé la jachère, leur véritable rôle dans les assolements.

Buttage.

Le buttage consiste à amasser la terre au pied de certaines plantes, de manière à former un monticule plus ou moins volumineux. Quelquefois même on les recouvre complètement. Il s'effectue soit à l'automne, soit au printemps. Si, dans ce travail, on se propose de protéger les plantes contre le froid et l'humidité de l'hiver, on le pratique en automne. Tel est le but des buttages qu'on donne avant l'hiver à la garance et au houblon. Le buttage qu'on exécute au printemps a pour objet de fortifier les plantes contre les agents extérieurs et d'en accroître le développement. La pratique constate, en effet, que certaines plantes, lorsqu'elles sont buttées, c'est-à-dire lorsque leurs racines sont enterrées jusqu'au-dessous du collet, ont la propriété d'émettre de nouvelles racines, qui en s'étendant augmentent la vigueur des plantes et leur permettent de fournir des produits beaucoup plus abondants. C'est ce qu'on remarque notamment pour les pommes-de-terre, le

maïs, le colza et les haricots. Le buttage sert aussi
à consolider les racines de quelques plantes dont
l'expansion foliacée, beaucoup plus développée que
leurs racines, les exposerait à être renversées par
les vents, vers la fin de la végétation, par exemple,
le pavot et le tabac. On fait aussi usage du buttage
dans la culture de la betterave à sucre ; le but qu'on
se propose alors est de soustraire le pivot de cette
plante au contact de l'air, parce que l'on a reconnu
que la portion de la racine, qui sort de terre, contient moins de sucre que la portion enterrée. Le buttage contribue encore à l'ameublissement du sol, et
donne le moyen de détruire les mauvaises herbes. Ce
travail s'exécute aussi à la main ou au moyen d'instruments mis en mouvement par les animaux. Dans
le buttage à la main, on se sert de la houe. Inutile
de rappeler que ce travail, confié à des mains intelli-
gentes, offre toute la perfection désirable ; mais c'est
toujours un travail coûteux, et dans la grande culture on se sert d'un instrument qui a quelque rapport avec une petite charrue, désignée sous le nom
de buttoir. L'expérience a appris que lorsque le buttage avait pour but d'augmenter la vigueur et
l'abondance des produits, il y avait avantage à pratiquer ce travail au moment où les récoltes n'ont
acquis que le tiers de leur développement. Si les
récoltes doivent recevoir plusieurs buttages, le premier devra, comme pour les binages, être moins
énergique que le second.

CHAPITRE XIII.

Théorie des amendements.

—

Amendement par le sable, l'argile et le chaulage.

Parmi les moyens que peut employer le cultivateur pour améliorer certains sols, il n'en est guère
de plus efficaces que l'emploi des amendements.
Ces travaux consistent à ajouter aux sols différentes
matières terreuses, qui, tout en en changeant la composition minéralogique première, viendront aussi
en corriger les propriétés physiques. Nous avons vu
que tout sol pour être propre à la culture devait présenter, dans sa composition minéralogique, les éléments argile, sable et calcaire. Nous avons ajouté, et
le cultivateur ne devra point l'oublier, que la fertilité primitive semble augmenter, lorsque les proportions de ces éléments tendent à s'égaliser. Les ter-

rains les plus convenables pour la culture sont donc
ceux qui ont été formés par des roches argileuses,
calcaires et siliceuses, lesquelles, en se désagrégeant, se sont confondues ensemble. C'est ce mélange qui a formé la constitution minéralogique la
plus propre à la culture et a donné en même temps
au sol les propriétés physiques qui lui permettent
d'absorber facilement les gaz de l'atmosphère, si
utiles à la végétation et de laisser à l'eau la liberté
de s'y maintenir dans les proportions les plus convenables, au développement des récoltes. Tout sol
qui sera ainsi constitué n'aura plus besoin, pour
être rendu fertile, que de deux choses : travaux
d'ameublissement dont nous avons étudié les avantages et addition d'engrais dont nous examinerons
plus loin l'utilité et la nécessité. Mais tous les sols
qui forment le territoire de la France n'ont pas une
composition aussi avantageuse.

Il est bon nombre de contrées où la surface cultivable est presque exclusivement formée par une
ou deux substances minérales. Ainsi dans la Bretagne on ne trouve que du feldspath et du sable.
La Champagne est presque entièrement crayeuse,
la Sologne est argileuse ou sableuse ; le Bourbon-
nais, granitique ; le Forez, le Limousin, l'Auvergne,
le Velay et le Rouergue sont volcaniques et granitiques ; la Bresse est argileuse et les Landes tantôt
sableuses, tantôt argileuses. Nous voyons donc au
premier abord qu'une grande partie du territoire

15

de la France est loin de représenter par sa composition minéralogique les conditions d'un bon fonds de culture, et que le meilleur moyen d'accroître notre richesse territoriale consisterait, avant tout, à amender les terres, par addition d'éléments minéraux qui leur manquent. Mais, même dans les contrées réputées fertiles, la composition du sol est si variable qu'il est toujours quelques terrains chez lesquels l'un des éléments primitifs prédominant donnera, à la masse du sol en culture, certains défauts que le cultivateur a intérêt à corriger, par l'addition de corps possédant des qualités opposées. Tel est le but des amendements. Maintenaut que je pense avoir suffisamment établi la nécessité, l'utilité de l'amendement du sol, pour en améliorer l'état de culture, donnons au praticien quelques conseils. Le cultivateur qui veut amender convenablement un sol doit en connaître la composition, les qualités, mais surtout les défauts; il doit aussi bien se rendre compte de l'action des corps qu'il va employer comme amendements.

Car s'il a pour but de corriger des défauts naturels à son sol, il doit se persuader qu'il ne pourra y arriver que par l'emploi de corps qui possèdent des qualités tout-à-fait opposées. Les amendements ont donc besoin de varier de nature, suivant celle des terrains. Au point de vue théorique les terrains argileux qui contiennent du calcaire ont besoin d'être amendés avec du sable; les terrains siliceux et calcaires avec de l'argile, les terrains essentiellement calcaires avec du sable et de l'argile. Aussi nous diviserons pour la forme et pour l'intelligence, les amendements en deux catégories :

1° Amendements modifiants ;

2° Amendements assimilables.

Les amendements modifiants seront le sable et l'argile ; parce que leur addition ne peut guère que modifier l'état physique du sol, sans apporter peu ou point d'éléments nutritifs.

Les amendements assimilables seront ceux qui tout en modifiant la nature physique du sol, pourront fournir des éléments nutritifs à nos récoltes, tels que la chaux, la marne, etc.

Amendement du sol par le sable.

Le meilleur amendement des sols argileux et calcaires consiste dans l'emploi du sable, des graviers, des cailloux, du verre pilé ou des scories. Toutes ces matières sont presque entièrement formées de silice ; elles n'ont point la propriété d'entrer en combinaison avec les éléments du sol, de réagir chimiquement sur les plantes, mais elles agiront mécaniquement en divisant les sols trop compactes et les rendant plus perméables à l'air et à l'eau. Si le sol était simplement argileux, il faudrait alors que le sable fût calcaire. L'usage de cet amendement est souvent pratiqué sur les bords de la mer ; on couvre quelquefois les prairies argileuses avec 1 ou 2 centimètres de sable marin. J'ai déjà cité l'expérience de M. Drappier, qui, ayant fait l'acquisition d'une terre argilo-calcaire tout-à-fait improductive, réussit à la fertiliser par l'addition de 100 poinçons de sable seulement dans la première année.

L'opération fut répétée successivement jusqu'à ce que le sol fût convenablement amendé. M. Boussingault cite de son côté un amendement exécuté avec succès, sur son domaine de Bechelbrunn, à l'aide de 440 mètres cubes de sable, provenant d'un déblai placé à 200 mètres du champ. L'opération avait coûté 213 francs par hectare, soit 48 à 49 centimes le mètre cube de sable. Mais si l'emploi du sable, comme amendement, peut servir très-avantageusement dans les localités où on le trouve sous la main, il devient difficile dans celles où il n'est pas très-répandu. L'opération serait d'abord trop coûteuse, ensuite le sable est très-difficile à incorporer avec une terre argileuse. Les labours, au lieu de le mêler entièrement avec le sol, le font souvent descendre au-dessous de la couche cultivée, où il reste par cela même sans utilité. Pour réussir complètement, il faudrait le mélanger avec une couche peu épaisse du sol, à l'aide de l'extirpateur et augmenter progressivement les labours. Ces inconvénients pratiques, joints à la difficulté matérielle de s'en procurer à bon marché, font que les cultivateurs de nos loca-

lités emploient préférablement la chaux ou la marne
qui ont la propriété de diminuer, bien plus énergi-
quement que le sable, la ténacité des argiles. Elles
fournissent en même temps du calcaire aux sols qui
en manquent ; en outre, l'opération devient moins
coûteuse, par cela seul que cet amendement beaucoup plus actif, pour diminuer la ténacité des argiles
que le sable, demande alors qu'on en mette beaucoup moins. Les amendements siliceux, sous forme
de cailloux, réussissent aussi très-bien, sur les terres
glaiseuses, en les divisant, en les ameublissant et
permettant alors à l'excès d'humidité du sol de
s'écouler. Mais ils réussissent encore dans les terrains
trop secs, en servant au contraire à maintenir l'humidité qui leur est nécessaire. Aussi, bien qu'en
général épierrer un sol ce soit l'amender, il est
pourtant des cas où il faut bien se garder de pratiquer cette opération ; puisque dans certaines conditions il peut être utile de laisser des pierres au sol,
où même d'en ajouter une certaine quantité.

Amendement du sol par l'argile.

Nous venons de voir qu'on amendait facilement
les terres argileuses au moyen du sable ou des matières siliceuses. Un raisonnement identique nous
conduit à dire que les sols siliceux ou légers et les
sols calcaires seront facilement amendés par l'argile.
Les sols siliceux n'ont que peu de consistance,

l'argile, au contraire, comme nous l'avons vu, est
très-tenace, très-compacte et retient facilement
l'eau. Son addition pourra donc donner, aux sols
légers, un degré de consistance, qui leur sera utile,
en même temps que l'eau s'y maintiendra mieux.
Lorsque l'on a l'intention d'amender un sol avec de
l'argile, il est pour le praticien quelques précautions
à prendre. La consistance tenace de cette matière
terreuse s'oppose à ce que son épandage se fasse
facilement. Il faut donc d'abord la faire dessécher,
la réduire en poudre. Puis on la répand par portions
successives, en labourant et hersant après chaque
opération, afin que le mélange se fasse aisément.
Il est encore avantageux de pratiquer cette opération après les moissons, pour que les pluies de
l'hiver la délitent et la divisent complètement. Les
quantités que l'on peut employer sont très-variables.
Dans le midi de la France on en met cent voitures
par hectare. M. Desvaux cite des sables qui ont été
complètement améliorés en mettant sur les champs,
de 10 mètres en 10 mètres, un hectolitre d'argile et
la répandant ensuite à la manière des fumiers.

En Angleterre, on emploie, comme un amendement très-avantageux, même pour les terres argileuses, l'argile brûlée. C'est surtout un moyen utile
dans les localités, où il n'y a pas d'amendement calcaire et où le combustible est à bon marché. Pour
obtenir cette argile brûlée, on creuse en terre une
tranchée de 50 centimètres de largeur sur 30 ou

40 centimètres de profondeur. On l'emplit de fagots, de tourbe ou de broussailles, en ménageant la circulation de l'air pour activer le feu. On forme alors au-dessus de la tranchée une voûte avec des mottes d'argile; puis on met le feu.

On ajoute de l'argile au fur et à mesure sur le tas rouge de feu. Le résidu de cette combustion peut être employé immédiatement. Pour que le résultat que l'on veut obtenir soit convenable, il faut que l'argile soumise à cette combustion soit humide, sans quoi elle durcit au feu, acquiert la propriété de la brique et se pulvérise très-difficilement; tandis que brûlée humide, l'argile donne facilement naissance à des mottes poreuses, qui se réduisent assez vite en poussière. Au moyen de cette calcination imparfaite, l'argile change tout-à-fait de caractère et acquiert alors des propriétés physiques et chimiques toutes nouvelles. On sait que ses propriétés physiques sont d'être très-tenace, de former avec l'eau une pâte ductile, plastique, et de se durcir beaucoup par la dessiccation. La combustion va changer tout cela. Elle perdra sa faculté de retenir l'eau et sa tenacité; elle formera avec l'eau une pâte maigre qui, quoique esséchée, restera poreuse et par conséquent peu compacte. Alors, au lieu de communiquer sa tenacité au sol, elle le rendra plus mobile, plus perméable et plus facile à s'égoutter. Au point de vue chimique, les argiles ne se laissent attaquer qu'avec peine par les acides même les plus puis-

sants; tandis que, lorsqu'elle aura subi cette combustion, elle devient très-facilement attaquable par
les acides, en leur abandonnant facilement la potasse qu'elle contient presque toujours.

Tous les agronomes anglais, Bosc et Puvis en
France, préconisent l'emploi de l'argile brûlée,
comme un des meilleurs amendements dans les
terres lourdes et compactes, soit calcaires, soit argileuses de leur nature. La quantité à répandre
est de 250 à 350 hectolitres par hectare. En esti-
mant le prix de 5 hectolitres d'argile ainsi brûlée
à un franc, on aurait, dans le premier cas, pour la
dépense de l'amendement d'un hectare, 50 fr., et,
dans le second cas, une dépense de 70 fr. Quoique
nous ayons placé l'argile dans les amendements
modificateurs du sol, nous devons ajouter pourtant
qu'outre la propriété qu'elle a de donner au sol de
la tenacité qui lui permettra de mieux appuyer les
racines des plantes, elle remplit encore un rôle chimique qui n'est pas sans importance. Toutes les
argiles contiennent des alcalis, potasse ou soude;
elles seront donc pour nos récoltes une source d'alcalis dont celles-ci ont un grand besoin. Mais l'argile a en outre la propriété de condenser dans ses
pores les matières gazeuses; elle pourra donc retenir avec avantage l'ammoniaque de l'air, celui qui
lui sera apporté par les pluies et celui qui proviendra
de la décomposition des engrais. Cette propriété de
l'argile augmente encore par la combustion, qui,

comme nous l'avons vu, la rend plus poreuse et
augmente sa faculté d'absorption pour les matières
gazeuses. Ceci nous permet d'expliquer également
la plus grande action améliorante de l'argile brûlée.
Enfin, je soumets à l'appréciation pratique des cultivateurs de la Sologne les bons effets, comme amendement, de l'argile brûlée ; cette opération, en effet,
doit être appelée à rendre des services dans ces localités, où l'argile ne manque pas et où le combustible est à bon marché.

Amendements assimilables.

Nous désignons, sous ce nom, les matières minérales qui, tout en amendant le sol, en corrigeront
les propriétés physiques, et pourront lui fournir
aussi un ou plusieurs éléments chimiques nécessaires aux récoltes.

Tels sont les amendements calcaires sous diverses
formes, chaux, marnes, falun ou calcaire coquillier.
J'engage le cultivateur à bien se pénétrer de l'utilité
et de la nécessité de l'amendement du sol par le
calcaire, lorsque surtout primitivement ce sol n'en
contient pas. Le calcaire forme d'abord l'un des
éléments primitifs du sol ; par ses propriétés physiques il est encore de la plus grande utilité. Mais il
y a plus, c'est que des trois éléments primitifs du
sol, il est le seul qui arrive à faire directement
partie de nos récoltes.

16

Les analyses suivantes, en nous indiquant les
quantités de chaux qui sont enlevées par une récolte
faite sur un hectare de terre, vont nous démontrer
la nécessité de la présence du calcaire dans le sol.

Il est enlevé par :

Pommes-de-terre	2 kil.	200 chaux.
Betteraves	14	000 —
Topinambours	5	900 —
Froment, grains et paille.	17	400 —
Avoine, grains et paille. .	7	000 —
Trèfle	76	300 —
Luzerne. . . . , ...	150	200 —
Sainfoin.	147	800 —
Colza.	75	400 —

Dans nos premiers chapitres, je démontrais l'utilité du calcaire pour que le sol eût une constitution
physique convenable, et ces analyses nous démontrent la nécessité de ce corps dans l'alimentation
végétale et dans la production de nos récôltes. Le
cultivateur verra par ces chiffres quelles sont les récoltes qui en ont le plus besoin. Ce sont le trèfle,
le sainfoin, la luzerne, le colza et le blé.

La pratique enseigne encore aux cultivateurs,
quoique le blé n'en enlève qu'une faible proportion,
que tout sol exempt de calcaire est impropre à la formation d'une récolte de blé. L'emploi des amendements calcaires convient donc avant tout aux sols qui
en manquent ou qui n'en renferment que de minimes

proportions. Ils conviennent surtout aux terrains froids et humides, aux sols glaiseux et aux terres argilo-siliceuses de la Sologne. La végétation spontanée qui s'y manifeste indique encore très-bien aux cultivateurs les terres qui réclament impérieusement le besoin des amendements calcaires ; car elles se recouvrent de fougères, de bruyères, de digitales, d'avoine à chapelet, de chiendent, de petite oseille. Les résultats pratiques sont là pour nous apprendre que l'addition du calcaire, sur de pareils sols, suffit pour obtenir en moyenne une augmentation de récolte, qui peut aller de 25 à 50 %, et outre cette augmentation de produits que peuvent fournir les amendements calcaires, les travaux en deviennent beaucoup plus faciles. La terre est plus mobile, l'humidité la rend moins tenace, moins consistante, et la sécheresse la durcit beaucoup moins.

Ces généralités exposées, nous allons maintenant étudier les propriétés et l'application de chacun de ces amendements calcaires en commençant par la chaux.

Chaulage des terres.

Le but principal du chaulage des terres est de leur fournir l'élément calcaire qui leur manque, mais à ce but primitif vient s'en ajouter d'autres que nous tâcherons d'établir un peu plus loin, afin que le cultivateur comprenne bien la différence qu'il y a entre un chaulage et un marnage.

Quoique en principe ces deux opérations fournissent au sol l'élément calcaire dont ils ont besoin, le chaulage des terres est employé de préférence dans un grand nombre de localités : la Basse-Normandie, la Sarthe, la Flandre, la Belgique et la Sologne; il s'effectue au moyen de la chaux, substance que tout le monde connaît et qui vient de la calcination d'un calcaire, connu sous le nom de pierre à chaux. Pour obtenir ce produit, on peut faire usage de toute espèce de pierres calcaires, des écailles d'huître, des madrépores même qui, soumis à la calcination, donnent naissance à de la chaux. Le but que l'on se propose en calcinant ces différentes matières calcaires est de leur faire perdre leur humidité et leur acide carbonique. La calcination de ces matières s'effectue dans des fours particuliers, dits fours à chaux, chauffés avec divers combustibles, le bois, la houille, la tourbe ou le coke. Cette opération doit être conduite de telle manière que les pierres calcaires perdent seulement leur eau et leur acide carbonique. La chaux est généralement fournie par le commerce à l'agriculture, mais elle peut présenter des variantes dans sa composition et il est assez important que le praticien sache les reconnaître, car elles n'ont pas toutes la même action sur le sol.

CHAPITRE XIV.

De la chaux. — Quantité à répandre. — Action de la chaux. — Du marnage.

Les types principaux , auxquels nous pouvons rapporter les différentes chaux, que le commerce livre à l'agriculture, sont les suivants :

Chaux grasse, maigre ou siliceuse, argileuse ou hydraulique, magnésienne ou magnésifère.

1° *La chaux grasse* présente les caractères suivants : elle est solide, d'un blanc-grisâtre ; exposée à l'air, elle en absorbe d'abord l'humidité et se réduit en poussière en augmentant de volume. On dit alors qu'elle *foisonne* beaucoup. Si on la laisse un temps plus long au contact de l'air, elle reprend très-vite l'acide carbonique que la calcination lui avait fait perdre , et elle redevient du carbonate de

16.

chaux, mais bien divisé, analogue à celui que contient la marne. Mise en contact avec de l'eau, elle se réduit en une bouillie épaisse, blanche, caustique, et se dissout presque entièrement dans tous les acides dont elle sature l'acidité. Un petit morceau de cette chaux mis dans du vinaigre ou acide acétique doit se dissoudre presque complètement et ne laisser qu'un résidu presque nul.

2° *Chaux maigre ou siliceuse*. Elle est plus grise que la chaux grasse, elle se délite plus difficilement ; elle augmente moins de volume et ne se dissout qu'imparfaitement dans le vinaigre. La partie qui ne se dissout pas est en quantité variable ; c'est du sable ou de la silice. De là lui vient le nom de *chaux siliceuse*.

3° *La chaux argileuse ou hydraulique* se délite très-difficilement, forme avec l'eau une pâte qui durcit sous l'eau, se dissout plus difficilement, dans le vinaigre, que les autres chaux et laisse un résidu considérable en grande partie formé d'argile. Cette variété de chaux n'a été employée que rarement en agriculture. Elle paraît peu propice à la grenaison des céréales ; mais elle semble favoriser la formation de la paille et le développement des légumineuses. Par cela même qu'elle est moins calcaire, elle ménage davantage le sol et demande à être employée en doses plus fortes. Si on voulait l'utiliser, il faudrait prendre quelques précautions et la laisser bien se déliter, sans quoi, si elle était ap-

pliquée à doses un peu fortes sur les terrains siliceux, elle formerait une espèce de mortier qui rendrait le sol très-tenace.

4° *La chaux magnésienne*, comme son nom l'indique, contient de la magnésie. Cette chaux est
très-épuisante, elle est peu employée en France,
mais beaucoup en Angleterre.

Telles sont les qualités des diverses chaux que
l'on peut employer en agriculture ; mais le plus
ordinairement c'est la grasse que l'on préfère, et
si le praticien voulait se rendre un compte exact de
la quantité de chaux réelle contenue dans l'espèce
qu'il voudrait employer, il aurait recours au moyen
suivant :

Peser 10 grammes de cette chaux, la traiter à
froid par l'acide acétique en excès ou du vinaigre,
jeter sur un filtre, laver, faire sécher, et faire la
soustraction du poids du résidu qui se trouve sur le
filtre, du poids employé pour l'analyse.

Emploi de la chaux.

La nécessité du chaulage d'un sol étant reconnue,
il ne s'agit plus que de répandre la chaux ; mais il
est quelques règles à suivre pour obtenir un chaulage dans de bonnes conditions.

La chaux ne produit d'excellents effets que si
l'application en a lieu par un beau temps. Il faut
aussi que le sol soit bien sec et bien assaini, car

si le sol était humide, elle formerait pâte avec les
matières terreuses du sol et se mélangerait mal.
Pour qu'elle opère bien sur la première récolte, il
faut qu'elle soit répandue sur les sols quelque
temps avant les semailles; de sorte que le chaulage
qui devra servir aux semailles du printemps soit
fait de février à mars : celui qu'on destine aux semailles d'automne doit être préparé pendant la belle
saison. La chaux, soit seule, soit incorporée avec
des matières terreuses et organiques sous forme de
compost, doit être enterrée avec l'avant-dernier
labour. On ne sèmera qu'après un ou plusieurs hersages; car enfouir la chaux avec la semence est une
très-mauvaise pratique. En effet, outre que les
graines, les premières racines, qui se formeront,
peuvent être altérées par la chaux qui se trouve
en contact avec elle, il arrive aussi que la répartition du chaulage est rarement bien faite.

Les procédés employés pour la répandre varient
suivant les localités :

1° Dans quelques contrées, on porte la chaux
sur les champs, on en fait de petits tas de 20 à
30 litres qu'on espace de 5 à 6 mètres les uns des
autres.

On la laisse ainsi se déliter sous l'influence de
l'humidité de l'air, et lorsqu'elle est devenue pulvé-
rulente, on l'étend le plus uniformément possible, à
l'aide d'une pelle, sur le terrain, et l'on herse ensuite.

2° Dans d'autres contrées, on porte la chaux sur les champs, on en fait de petits tas qu'on recouvre de la terre même du champ. La chaux se délite ainsi librement, et dans ces conditions on la mélange avec les matières terreuses qui la recouvrent, et on l'écarte ensuite le plus convenablement possible.

3° Dans la Mayenne et dans l'Anjou, pour chauler les sols, on fait des composts de chaux, de terre, de gazon, de curures de mares. On dispose toutes ces matières par couches; on en fait des tas que l'on recoupe de temps en temps, puis on conduit ces composts sur les champs. On les dispose d'abord par petits tas peu espacés les uns des autres, on les écarte ensuite avec le plus de soin possible. Dans la Flandre, la Normandie, la Picardie, on fait aussi des composts, mais qui sont disposés différemment; La chaux est mélangée avec la terre du champ à chauler.

On accumule sur un point du champ une certaine quantité de terre, on la laisse d'abord exposée pendant quelque temps au contact de l'air pour qu'elle se mûrisse; puis on amène la chaux. On dispose une couche de la terre préparée ayant 20 à 25 centimètres; on couvre d'un lit de chaux, on remet ensuite une couche de terre, une couche de chaux, jusqu'à une hauteur de 1 mètre à 1 mètre 50. Le tas est remanié à plusieurs reprises, puis on répand ce compost le plus uniformément possible sur le champ.

Quel que soit le moyen employé, le cultivateur devra faire son possible pour que le mélange de la chaux avec le sol soit le plus complet possible.

Quantités de chaux à répandre.

Les quantités de chaux à répandre varient considérablement suivant les localités et la nature du sol sur lequel on veut la répandre. En Angleterre, les chaulages sont beaucoup plus considérables qu'en France. On emploie :

200 à 270 hectolitres de chaux par hectare de terres argileuses.

130 à 170 hectolitres sur les sols légers.

500 à 600 hectolitres sur les terres tourbeuses.

Ces doses sont exagérées, car nos meilleures récoltes ne peuvent en enlever au sol que 3 hectolitres à l'hectare au plus. Disons toutefois que le climat de l'Angleterre est froid.et humide, que les terres sont difficiles à égoutter et qu'elles exigent réellement de plus fortes doses de chaux que les nôtres. Ensuite les Anglais ont pour habitude à la suite du chaulage de prodiguer les engrais de manière à prévenir tout épuisement, et d'un autre côté ils ne recourent presque jamais, pour le même terrain, à une seconde application de chaux.

En Allemagne, on chaule à peu près tous les 4 ans et la dose est de 10 à 15 hectolitres de chaux à l'hectare.

En France, dans le Calvados, on met 60 à 80 hectolitres tous les 4 ou 5 ans. — Dans l'Ain, on met
80 à 100 hectolitres tous les 9 ans. — Dans le Nord,
la Mayenne et la Vendée, on met 40 à 50 hectolitres tous les 10 ans. — Dans la Sarthe, on met 8 à
10 hectolitres tous les 3 ans.

Ces chiffres nous démontrent qu'à part les chaulages fabuleux de l'Angleterre, la moyenne de la
quantité de chaux, qu'on fournit au sol par an, est
de 5 à 6 hectolitres à l'hectare. Ce qui prouve aussi
que l'opération du chaulage doit se répéter à des intervalles plus ou moins éloignés, selon la quantité
que l'on a fournie. On comprendra facilement qu'un
sol auquel on fournit du calcaire, sous forme de
chaux, puisse s'épuiser, car plusieurs causes y coopè-
rent certainement. Le calcaire est, nous le savons, un
aliment pour nos récoltes, de sorte qu'annuellement
elles en enlèvent une certaine quantité; la chaux devient en outre du carbonate de chaux, qui quoique
insoluble dans l'eau ordinaire, est sensiblement soluble dans les eaux pluviales chargées d'acide carbonique; de telle sorte qu'une certaine proportion peut
en être continuellement entraînée dans les profondeurs du sol et là elle ne se trouve plus à la portée des racines de nos plantes. Telles sont les causes
principales qui exigent que les chaulages soient répétés à certaines époques.

Les causes qui font varier les quantités sont en
général les suivantes. Il faut répandre d'autant plus

de chaux que celle-ci sera moins pure, que le sol
sera plus compacte, plus argileux, et que la couche
arable sera plus profonde, plus apte à devenir fertile, qu'il s'y trouvera plus de plantes acides, et
que le cultivateur pourra appliquer de meilleures
fumures ; enfin, que le chaulage se fera à de plus
longs intervalles. Lorsque les causes qui ont déterminé la nécessité du chaulage reparaîtront, telles
que la croissance spontanée des bruyères ou des
fougères, le praticien se trouvera de nouveau averti
du besoin de recommencer la même opération. La
pratique démontre que le trèfle, les vesces, les pois,
les choux, navette, colza, etc., réussissent beaucoup
mieux sur les terres chaulées ; les froments des terres chaulées tallent bien davantage, les grains qu'ils
produisent sont plus lourds, plus arrondis, donnent
moins de son et plus de farine. Enfin, selon Puvis,
qui a si bien étudié l'action de la chaux, notamment
dans l'Ain, le chaulage des terres double en 9 ans le
rendement des céréales d'hiver.

Action de la chaux.

La chaux exerce sur le sol une action double, action physique ou mécanique et action chimique.

Comme action physique ou mécanique, elle ameublit le sol, le rend plus perméable, elle favorise sa
dessiccation, l'assainit en ce sens qu'elle réchauffe
le sol, comme le disent les cultivateurs.

Comme action chimique, elle fournit d'abord à nos récoltes l'élément calcaire dont elles ont besoin, et à ce titre, elle agit donc d'abord comme un véritable engrais. Les terres sur lesquelles on applique la chaux sont généralement acides et une des causes de l'infertilité du sol est sa nature acide. Or, nous avons vu qu'une des propriétés de la chaux c'était précisément de saturer les acides.

La chaux introduite dans le sol détruira donc cette acidité qui s'oppose à sa fertilité. C'est probablement par la même cause que si, sur une prairie humide, couverte de joncs, de carexs, de typhas, de rumexs, nous venons à répandre de la chaux vive en poudre, ces plantes ne tardent pas à périr.

Tout le monde sait aussi que lorsqu'on ajoute de la chaux à des débris organiques, soit végétaux, soit animaux, la décomposition en marche rapidement, et ils sont vite transformés en terreau. Ceci nous explique de suite l'action heureuse que produit le chaulage, sur les sols nouvellement défrichés, qui contiennent beaucoup de matières organiques, lesquelles en se décomposant pourront fournir les éléments d'autres récoltes. Ceci indique aussi très-bien au praticien qu'un bon chaulage exige de fortes fumures, sans quoi il conduit en peu de temps le sol à un appauvrissement complet de son humus, dont le rôle est si nécessaire et si important pour la production des récoltes. Les forts chaulages peuvent donc être plus nuisibles qu'utiles; il n'y a guère

que sur les sols tourbeux qu'ils peuvent être profitables.

Mais la chaux, outre qn'elle produit tous les effets
précédents, peut détruire dans le sol les larves d'insectes nuisibles, les semences de mauvaises plantes,
les germes de mucedinées qui causent certaines ma-
ladies aux plantes, telles que la rouille et le charbon, et exerce encore sur les éléments minéraux
mêmes du sol une action très-importante que je vais
chercher à établir, et qui fera comprendre la différence qu'il y a entre un chaulage et un marnage.

Nous avons vu que parmi les éléments qui concourent le plus à la formation de nos récoltes, se
trouvaient les corps que nous avons désignés sous
le nom d'alcalis. Nous avons admis aussi que la
source qui fournit ces corps aux récoltes est l'argile
qui, en se désagrégeant lentement, abandonne
ainsi la potasse et la soude qu'elle peut contenir.
Tout corps qui pourra faciliter cette désagrégation sera donc un puissant auxiliaire pour nos
récoltes, puisqu'il mettra ainsi à leur disposition les
alcalis dont elles ont besoin. La chaux a cette propriété ; si nous lessivons de l'argile pour la débarrasser de tous les sels qu'elle peut contenir, et si
nous la mettons pendant quelque temps en présence
de la chaux éteinte et en bouillie, l'alcali ne tarde
pas à être dégagé ; l'analyse peut constater que des
alcalis, potasse et soude, sont ainsi devenus libres
et que de la silice à l'état où elle pourra se dissoudre

a été aussi mise en liberté. La chaux, en réagissant sur les argiles, nous fournit donc un moyen de mettre à la disposition de nos récoltes, de la silice pour les pailles et des alcalis pour la formation des graines.

En résumé, la chaux fournit au sol le calcaire qui lui manque.

Sa présence détruit les acides du sol qui sont nuisibles à sa fertilité.

Elle facilite la décomposition des nombreux matériaux organiques que contient le sol, en les transformant en produits solubles, propres à former la base de nos récoltes.

Elle met à la disposition des végétaux de nouvelles substances minérales dont ils ont besoin pour leur développement.

Sa présence favorise aussi la formation des nitrates, c'est-à-dire de composés azotés qui sont une des formes sous lesquelles l'azote nous paraît propre à faire partie des récoltes.

Marnage.

Le chaulage des terres, comme nous le savons, n'est pas le seul moyen de fournir au sol le calcaire qui lui manque.

Les cultivateurs, dans le but d'obtenir des résultats identiques, emploient, suivant les ressources de leurs localités, différentes matières calcaires qui sont les suivantes :

Falun, ou calcaire coquillier.

Merl, foudd ou corail.

Trez, ou sable de mer.

Tangue, ou cendre de mer.

Coquilles d'huîtres, coquilles de moules, etc.

Toutes ces matières, qui contiennent des proportions variables de carbonate de chaux, forment,
dans différents endroits, des dépôts plus ou moins
considérables, produits par les débris de coquilles
d'animaux marins.

Le falun existe en dépôts plus ou moins considérables en Touraine.

Le merl est formé de concrétions calcaires entre-
mêlées de débris de coquillages. On le trouve en
Bretagne et en Basse-Normandie.

Le trez, ou sable de mer, formé de débris de coquilles plus ou moins volumineuses, se trouve dans
le Finistère, dans la rade de Brest et dans l'arrondissement de Morlaix.

La tangue, ou cendre de mer, est un produit pulvérulent presque entièrement maritime qu'on trouve
sur les côtes dans le département de la Manche et
à l'embouchure de quelques rivières.

Les coquilles d'huîtres ou de moules sont recueil-
lies, utilisées partout où la présence de ces coquillages est considérable.

Mais dans bien des localités et chez nous, le cultivateur, pour fournir du calcaire à son sol, fait
usage de la marne.

On donne le nom de marne à un composé de diverses proportions de carbonate de chaux et d'argile, mélangé de sable, d'oxide de fer, de magnésie, de plâtre et quelquefois de débris organiques.

J'ajouterai, et je prie le cultivateur de ne pas l'oublier, que toutes les marnes contiennent des traces de phosphate de chaux. La marne, cette matière si précieuse à l'agriculture de nos contrées, se trouve en couches plus ou moins épaisses à la partie supérieure des terrains de sédiment. Quelquefois elle affleure la surface du sol, d'autres fois elle se trouve à peu de profondeur sous la couche végétale. Certaines plantes, telles que les tussilages ou pas-d'âne, l'arrête-bœuf, les sauges, les ronces, les chardons, le mélampyre ou herbe rouge, le trèfle jaune, le plantain, sont ordinairement un indice des sols dans lesquels la marne se trouve à peu de profondeur. Le creusement des fosses ou des puits peut alors la mettre à jour, mais si elle est enfouie très-profondément on ne peut en constater la présence que par différents sondages.

Le caractère distinctif des marnes est celui-ci : exposées à l'air et à l'humidité, elles se délitent complètement et tombent en poussière excessivement fine. Ce caractère, comme nous le verrons plus tard, est très-important à constater dans la pratique.

La composition des différentes marnes que peut employer l'agriculture est excessivement variable.

17.

aussi les a-t-on divisées en groupes qui présentent
des signes particuliers et qui les rendent propres à
être appliquées avantageusement sur différents sols.
Ainsi on a des marnes calcaires, argileuses, siliceuses, plâtreuses, magnésiennes, humifères.

Les marnes calcaires contiennent au minimum
50 % de carbonate de chaux, au plus 90 à 95 % ;
le reste est du sable et de l'argile.

Ces marnes sont les plus riches et les plus actives;
ce sont elles, en effet, qui contiennent la plus grande
quantité de carbonate de chaux ; elles devront donc
de préférence être appliquées sur les sols exempts
de calcaire. Elles conviennent parfaitement aux sols
argileux, à tous les sols humides ou qui retiennent
fortement l'eau des pluies. Elles sont beaucoup
moins avantageuses sur les sols sableux, qui, par
leur nature, se dessèchent facilement et elles les
rendraient alors encore plus brûlants.

Les marnes argileuses sont celles qui renferment
de 10 à 50 % de carbonate de chaux, de 50 à 75 %
d'argile, le reste en sable. Ces marnes sont très-
convenables pour les sols sableux, qui se dessèchent
facilement. L'action qu'elles exerceront sur ces sols
sera double : 1° fournir du calcaire ; 2° au moyen de
l'argile donner plus de consistance à ces sols, en
leur permettant de mieux retenir l'eau.

Les marnes siliceuses ou sableuses sont celles
qui contiennent de 10 à 50 % de calcaire, de 25 à
75 % de sable, le reste en argile. Celles-ci, géné-

ralement peu calcaires, ne conviennent bien qu'aux terres fortement argileuses et humides, dont elles modifient de la manière la plus avantageuse la constitution physique, en les ameublissant et les rendant moins compactes.

Les marnes plâtreuses sont celles qui contiennent du plâtre. Celles-là seront surtout utiles pour les terrains où l'on voudra cultiver des prairies artificielles.

Les marnes magnésiennes sont celles qui contiennent de la magnésie; on ne les trouve guère qu'en Angleterre.

Les marnes humeuses ou humifères contiennent des matières organiques, dont la décomposition fournira de l'humus et par cela même de l'azote.

Celles que l'agriculture peut employer ont donc des compositions diverses, et leur action sur nos terres dépend d'abord de la nature des éléments qu'elles renferment. Il est donc important pour la pratique de s'assurer par l'analyse de leur composition; nous verrons plus tard comment le praticien pourra procéder pour obtenir la composition de la marne qu'il veut employer.

CHAPITRE XV.

Suite du Marnage. — Emploi de la Marne. — Quantités à répandre. — Action sur les sols.

Avant l'emploi de la marne le cultivateur, soit qu'il doive l'acheter, soit qu'il puisse l'extraire de son sol, fera bien de se renseigner sur sa composition ; car les bons effets du marnage, les quantités de marne à fournir aux sols dépendent essentiellement des deux causes suivantes :

Richesse en calcaire de la marne ;

Facilité avec laquelle elle pourra se déliter ;

Pour nous renseigner sur le premier point, il faut avoir recours à l'analyse et voir s'il nous sera possible d'établir pour le praticien une opération simple et facile qu'il pourra répéter au besoin. Le cultivateur prendra çà et là dans un hectolitre de marne,

environ 1 kilo de cette matière minérale, il le mélangera le plus uniformément possible, afin d'obtenir une bonne moyenne. Il en pèsera exactement
10 grammes qu'il fera dessécher à la température de
l'eau bouillante (100°), jusqu'à ce qu'elle ne perde
plus de son poids. On pèsera de nouveau, la perte
de poids indiquera la quantité d'eau contenue. Supposons qu'elle soit de 2, on note : eau perdue 2. Le
reste sera ensuite traité par de l'eau distillée ou de
l'eau de pluie, contenant un quart en poids d'acide
nitrique (eau forte du commerce). Ce liquide a pour
effet de dissoudre le carbonate de chaux et on doit
en ajouter jusqu'à ce qu'il ne se fasse plus d'effervescence ou de bouillonnement. Lorsqu'on est arrivé à
ce point, on verse le liquide et la partie non dissoute
sur un double filtre ; on lave bien à l'eau distillée ou
de pluie, on fait sécher le double filtre et le résidu
qu'il porte, à la température de l'eau bouillante ;
lorsque le filtre est bien desséché, on peut facilement détacher l'un des filtres, que l'on porte dans
l'un des plateaux d'une balance, on place sur l'autre
plateau le filtre qui contient le résidu et on pèse.
La différence indique le poids du résidu ; supposons
qu'il soit égal à 1,20, on note alors : résidu, 1,20.

La partie qui s'est dissoute dans notre mélange
d'acide nitrique et d'eau, est le carbonate de chaux
ou calcaire. C'est donc la portion dissoute qui nous
indique la richesse de notre marne en calcaire. On
la dose par différence ; dans le cas de notre expé-

rience, elle serait de 6,80. Si nous résumons les différents chiffres que nous a fournis l'expérience, nous aurions pour les 10 parties ou 10 grammes de marne que nous avons pris, les chiffres suivants :

Eau	2 00 grammes.
Résidu....	1 20
Partie dissoute ou calcaire.	6 80
	10 00

En multiplaint par 10 chaque chiffre obtenu, nous aurons pour 100 parties de marne ou 100 grammes :

Eau	20
Résidu....	12
Partie dissoute ou calcaire.	68
	100

Le résidu qui reste sur le filtre est formé d'argile ou de silice. On peut facilement, si l'on veut, s'assurer quelle en est la nature ; le toucher seul souvent l'indique, car l'argile est douce à la main ; la silice, au contraire, est rugueuse. Si le résidu était considérable et formé par un mélange d'argile et de sable, on pourrait facilement les séparer par l'opération mécanique dite lévigation, que j'ai indiquée lors de l'analyse physique des terres. Tel est le moyen le plus simple que peut employer le praticien pour s'assurer de la richesse en calcaire de sa marne, et toute simple que soit l'opération, elle est encore peu praticable, pour la généralité des cultivateurs. Je les engage beaucoup, au lieu de tenter un pareil travail, de demander à leur vendeur l'analyse de la marne qu'il leur fournit, et s'ils découvraient sur leur sol de la marne susceptible d'être exploitée, de la faire analyser, pour être renseignés sur sa valeur. L'analyse que je viens d'exposer porte comme on le voit sur des poids, et la marne pour être répandue sur le sol, se calcule au volume et non au poids.

Le cultivateur, pour les quantités à répandre, doit donc s'inquiéter du poids de l'hectolitre. L'hecto-litre de marne pèse en moyenne 120 kilos. Connais-sant la composition de la marne sur 100 parties, une simple règle de proportion nous permet d'établir la composition de l'hectolitre, et en prenant pour base l'analyse précédente, nous trouverons que chaque hectolitre d'une pareille marne pesant 120 kilos, fournirait les chiffres suivants par hectolitre :

```
Eau . . . . . . . . . .   24 kil.
Résidu . . . . . . . .   14    40
Carb. de chaux .   81    60
                      ─────────
                      120    00
```

Multipliant ensuite par 10 les chiffres obtenus pour un hectolitre, nous aurions, pour la composi-tion d'un mètre cube de pareille marne, les chiffres suivants :

Eau.......... 240 kilos.
Résidu........ 144
Carb. de chaux. 816
_____
1,200 kilos.

L'analyse chimique nous renseigne donc bien sur la quantité de calcaire que contient notre marne ; mais cela ne suffit pas en pratique, car quel que soit l'état du calcaire, qu'il se présente sous forme de poudre fine, ou sous forme de pierre, il jouit toujours de la propriété de se dissoudre dans l'eau acidulée. Ainsi donc la dissolution du calcaire dans les acides ne suffit pas pour indiquer au cultivateur qu'il sera propre au marnage. Pour ce cas, il faut qu'il puisse se déliter facilement et bien se diviser, propriété importante, tout-à-fait indispensable. Pendant longtemps on n'a pas tenu compte de cette propriété ; des marnes dans lesquelles l'analyse constatait des quantités de calcaire égales, donnaient à la pratique des résultats bien différents quoique placées sur des sols identiques.

M. de Gasparin fut le premier qui signala à l'agriculture que certaines marnes peuvent contenir des nodules calcaires très-durs, qui ne se délitent pas et qui restent sans action efficace sur le sol. L'analyse chimique ne peut donc pas toujours suffire, pour renseigner le praticien sur la valeur exacte d'une marne, car les nodules calcaires sont tout aussi bien dissous par l'eau acidulée que le calcaire à l'état de marne. Dans le but de s'assurer si la marne qu'il voudra employer se délitera complètement, le cultivateur peut user de l'opération simple connue sous le nom de lévigation. Voici donc l'essai qu'il doit tenter, avant d'employer une marne, à moins qu'il n'en ait déjà par lui-même constaté les bons résultats. Il prendra un kilogramme de la marne à essayer, il le placera dans un vase quelconque et versera dessus un litre d'eau, qu'il laissera en contact pendant une heure. Alors il agitera et décantera la partie liquide, il réitèrera cette opération jusqu'à ce que l'eau sorte bien claire, et si la marne contient des nodules calcaires, ils resteront au fond du vase. On les recueillera, on les pèsera et on déterminera le rapport de leur poids à celui de la marne essayée. Cette opération, qui est des plus simples, est indispensable pour préjuger de l'action de la marne à répandre sur le sol.

Emploi de la marne.

La marne convient naturellement aux sols exempts de calcaire, aux terres froides et humides, ou glaiseuses, ou argilo-siliceuses, ou bien granitiques. Elle est encore excellente pour les terres nouvellement défrichées et les tourbières. Lorsque le cultivateur sera fixé sur la nature de la marne qu'il veut employer, voici comment il doit procéder au mar-

18

nage. En premier lieu, le sol que l'on veut marner doit être bien ameubli et bien assaini.

La marne devra aussi, avant d'être employée, rester exposée quelque temps aux influences atmosphériques. On la conduira sur les champs à l'époque de l'automne, autant que possible par un temps sec. On la disposera en lignes parallèles et par petits tas égaux éloignés de 6 et 7 mètres de distance les uns des autres. Après avoir abandonné la marne pendant quelque temps à l'action de l'air, du soleil et de l'humidité des nuits, on la répand sur toute la surface du champ ; on peut alors, si l'on veut, pour achever de la pulvériser et de la disperser, faire passer la herse et le rouleau. Puis, avec quelques traits d'extirpateur, on la mélange à la couche superficielle du sol. On donne ensuite pendant l'hiver quelques labours un peu profonds et on peut ensemencer au printemps. Mais le plus souvent on répand la marne à l'entrée de l'hiver, on la laisse se déliter pendant toute cette saison et l'on n'ensemence la terre qu'à l'automne suivant.

Lorsqu'on veut marner des terres en culture, on ne peut le faire que sur les trèfles, ou sur une jachère, afin d'être maître de laisser la marne quelque temps en petits tas qu'on épand aussitôt que les agents atmosphériques l'auront délitée.

Telles sont les règles générales qui sont suivies en France pour répandre la marne. Les Anglais en font des composts avec du fumier, des gazons ou du terreau. Ils abandonnent à l'air les tas pendant quelque temps ; lorsque la marne est bien délitée, ils opèrent le mélange des matières et répandent le tout sur les terres, avant le dernier labour qui précède les semailles. D'après ce procédé l'action de la marne est plus prompte et se fait sentir immédiatement.

Quantités de marne à répandre.

Rien n'est plus variable que les quantités de marne que l'on répand sur le sol. En effet, elles doivent être différentes suivant la nature du sol et suivant la richesse de la marne.

On répand par hectare :

Dans le nord de la France, depuis 30 jusqu'à 120 mètres cubes;

Dans la Sarthe, de 150 à 170 hectolitres ;

Dans la Brie, de 100 à 250 hectolitres;

Dans le sud-ouest, de 100 à 700 mètres cubes;

En Sologne, de 200 à 400 hectolitres sur les terres argileuses, de 80 à 100 hectolitres sur les terres sableuses.

Ces chiffres nous prouvent que les quantités de marne qui sont employées dans la pratique sont très-variables. Le but qu'on se propose va nous permettre d'expliquer un peu ces différences. Si le marnage est fait dans l'intention d'ameublir le sol, on conçoit facilement qu'un sol fortement argileux doit en recevoir plus qu'un sol sablonneux et qu'un sol, dont la couche arable sera profonde, doit aussi être plus fortement marné que celui qu'on laboure superficiellement.

Puvis est le premier qui chercha à poser, pour les quantités de marne à fournir au sol, des règles précises et rationnelles. Il admet que le calcaire, pour agir favorablement, doit se trouver dans la couche arable à la proportion de 3 °/₀ du poids de la terre. Pour faciliter l'application de ce raisonnement, ce savant a dressé un tableau qui renferme tous les éléments du marnage et dont la pratique peut tirer un parti avantageux. En admettant cette théorie, on voit que toute terre qui contiendrait 3 °/₀ de calcaire n'aurait pas besoin d'être marnée, et que le marnage le plus efficace serait celui qui fournirait à la couche arable 3 °/₀ de calcaire. Mais, selon M. de Gasparin, cette dose serait plus que suffisante, et l'analyse établit d'abord que beaucoup de sols fertiles en contiennent des quantités moindres. L'expérience prouve aussi qu'on obtient de bons résultats de marnages, qui n'apportent au sol que 1/2 °/₀ de calcaire dans la couche arable. En adoptant ces idées, cherchons à donner à la pratique quelques renseignements utiles sur les quantités de marne à répandre.

Supposons un sol exempt de calcaire dans lequel nous voulons introduire 1 °/₀ de cet élément, comme chiffre pouvant donner de bons résultats. Recherchons d'abord la quantité de marne pure qu'il faut

répandre sur un hectare de terre pour en obtenir
1 º/º. On sait qu'un hectare vaut 10,000 mètres
carrés; admettons que la profondeur du labour soit
de 18 centimètres, le volume total de la terre à laquelle nous avons à fournir 1 º/º de calcaire sera de
1,800 mètres cubes.

Le poids d'un mètre cube de terre pouvant être
de 1,200 kilos, on voit que pour avoir 1 º/º de calcaire par mètre cube, il nous faudra ajouter 12 kilos de carbonate de chaux, soit 21,600 kilos ou
22,000 kilos pour les 1,800 mètres cubes de terre
arable, que représente notre hectare à marner, dont
la profondeur de labour sera de 18 centimètres.

Voyons maintenant ce qu'il nous faudra de marne
pour obtenir ce résultat. En supposant que celle
qui est à notre disposition contienne 50 º/º de calcaire, afin de savoir la quantité qu'il faudra d'une
pareille marne, pour fournir au sol 1 º/º de calcaire,
il nous suffira d'établir la proposition suivante :

Si 50 de carbonate de chaux représentent 100 kil.
de marne, combien 22,000 représenteront-ils?

$$50 : 100 :: 22,000 : x.$$

D'où $x = \dfrac{22,000 \times 100}{50}$ soit 44,000 kilos.

Il nous faudra donc 44,000 kilos de marne pour
introduire 1 º/º de calcaire dans notre sol. En divisant ce chiffre de 44,000 par 1,200, poids probable
du mètre cube de marne, on a 36,6 mètres cubes

18.

ou 366 hectolitres de marne (à 50 %). Si , au lieu
d'introduire 1 % de calcaire, on en voulait mettre
2 ou 3 avec une pareille marne, il faudrait multiplier par 2 ou par 3 le produit obtenu, soit 366 hectolitres × 2 ou par 3 ; mais si l'on voulait avec une
pareille marne ne fournir que 1/2 %, il faudrait
diviser 366 par 2, et on obtiendrait alors 183 hectolitres.

Si la marne avait 55, 60, 70, 80 % de carbonate
de chaux, il faudrait, dans la proportion précédente,
remplacer le chiffre 50 par les chiffres 55 , 60 , 70,
80, et faire le même calcul , on arriverait alors aux
chiffres suivants.

Il faudrait donc, pour introduire 1 % de calcaire
dans la couche arable d'une profondeur de 18 centimètres, fournir avec une marne riche de :

55 % de carbonate de chaux..	333	hectolitres.
60 %	267	—
65 %	233	—
70 %	200	—
75 %	167	—
80 %		—
85 %	133	—
90 %	100	—

Ce qui revient à dire qu'au fur et à mesure que
la richesse en calcaire de la marne augmentera de
5 %, il faudra diminuer le marnage de 33 hectolitres. Ces chiffres démontrent aussi au praticien

que si la profondeur du labourage venait à diminuer
ou augmenter d'un ou plusieurs centimètres, il devrait diminuer ou augmenter la quantité de marne
à fournir, d'environ 20 hectolitres par chaque centimètre de profondeur du labourage en plus ou en
moins. Les chiffres que je viens de donner ne peuvent s'appliquer qu'au cas, où la marne serait parfaitement délitable, et si par hasard elle contenait
des nodules calcaires, il faudrait modifier ce do-
sage, en ne tenant compte que de la quantité de
calcaire susceptible d'agir.

La durée du marnage n'est pas indéfinie; la quantité que l'on a employée, la nature des récoltes obtenues sur le sol marné, la perte forcée de l'élément
calcaire qui, devenant soluble par un excès d'acide
carbonique, se trouve entraîné dans les profondeurs du sol, sont autant de causes qui épuisent la
terre de ce précieux élément de fertilité. Toutefois le
cultivateur s'en apercevra facilement, et lorsque les
causes naturelles qui lui ont indiqué la nécessité du
marnage se représenteront, il sera averti qu'il doit
recourir à une nouvelle opération de ce genre.

Si la terre qu'on marne est en bon état de fertilité, on peut se dispenser de mettre du fumier la
première et même la seconde année; mais ensuite,
il ne faut pas manquer de la fumer convenablement. C'est surtout aux sols sablonneux marnés
qu'il ne faut pas laisser attendre le fumier.

Si, au contraire, on marne une terre épuisée ou

pauvre par sa nature, on ne doit point la marner sans la fumer de suite convenablement; car la marne, en améliorant le sol, augmentera le produit des récoltes.

Or, comme la majeure partie des éléments, qui vont donner naissance à ces produits, sont pris au sol, il faut bien se garder de diminuer la quantité des engrais, sous peine d'appauvrir ce sol. C'est ce qui est trop souvent arrivé dans quelques pays, où le cultivateur, après avoir bien marné, avait commis la faute de ne pas fumer. De là est né ce dicton que tout le monde connaît : « La marne enrichit les pères et appauvrit les enfants. » Dicton bien faux ; car l'appauvrissement du sol qui peut ruiner les enfants, ne vient pas du fait de la marne; mais bien du mauvais emploi qu'on en peut faire. Au contraire, le marnage bien employé, cela ne fait doute pour personne, a amené et amène tous les jours dans la culture des améliorations incontestables.

Action de la Marne.

La marne exerce sur nos terres une action double : mécanique et chimique.

Comme action mécanique, elle améliore la consistance physique des sols en facilitant l'ameublissement de ceux qui sont compactes et en augmentant la tenacité de ceux qui sont trop légers. En diminuant la tenacité des sols argileux, elle en facilite la

dessiccation et l'échauffement ; en augmentant la
tenacité des terres légères, elle leur donne plus de
corps et par cela même elles se dessèchent moins
facilement.

Comme action chimique, elle fournit d'abord au
sol le calcaire qui lui manque ; puis par la propriété
qu'a le carbonate de chaux de se dissoudre facilement dans les acides et de les saturer, elle détruit
ceux du sol ; elle favorise aussi la décomposition des
matières organiques et tous les praticiens savent bien
que les terres calcaires exigent de fortes fumures.
Mathieu de Dombasle, nous dit aussi que les laines,
les bourres, les crins et les cornes, tous engrais
froids, ne peuvent se décomposer facilement que
dans les sols calcaires.

Ces deux propriétés de la marne nous permettent
d'expliquer les heureux résultats que produit le marnage sur les défrichements des bois, des bruyères et
des tourbières. Ces sols, en effet, sont généralement
acides et toujours chargés de matières organiques.
Selon M. de Gasparin, la marne favoriserait aussi la
formation des nitrates, composés azotés, qui présentent à nos récoltes l'azote sous une forme convenable. Enfin, certaines marnes contiennent des traces
d'azote et du phosphate de chaux. Ces quantités qui
ne sont que des millièmes en poids, deviennent importantes, eu égard aux quantités de marne qu'on
répand et doivent aussi apporter aux récoltes leur
contingent de fertilité.

Quoique chauler ou marner ait pour but principal de fournir au sol du calcaire, il existe pourtant entre ces deux opérations quelques différences. L'action de la marne est moins rapide, moins énergique que celle de la chaux, mais elle est de plus longue durée. La marne en outre ne semble pas exercer, sur nos argiles, une action identique à celle de la chaux, qui, désagrégeant ces matières minérales, peut fournir promptement à nos récoltes les alcalis dont elles ont besoin.

En résumé, l'emploi intelligent du marnage rend tous les jours à l'agriculture les plus grands services; mais le cultivateur ne devra pas perdre de vue que cette opération facilitant la décomposition des matières organiques du sol, nécessite l'emploi de fumures bien soutenues, sans quoi il verrait sa terre s'appauvrir et devenir improductive. Ce résultat, nous pouvons le dire en terminant, est précisément tout le contraire de celui que recherche le cultivateur intelligent et laborieux.

Dans notre deuxième volume, nous continuerons l'étude de l'amélioration du sol au moyen des engrais.

FIN DU TOME PREMIER.

TABLE DES MATIÈRES

CONTENUES DANS LE TOME PREMIER.

—∘⚬∘◦—

FIN DU TOME PREMIER.